广义上的模型在技术教育中起到了关键作用，这些器物与课堂上的图纸和文字描述一起，促成专利申报，激发了审美兴趣以及技术崇拜。如图所示，这是弗朗兹·莱洛（Franz Reuleaux）的一个教学模型，它展示了一个从任何角度都可以发送功率的万向节。这个模型由古斯塔夫·福格特（Gustav Voigt）在1882年制作。照片来源：乔恩·里斯（Jon Reis）拍摄于康奈尔大学锡布利机械和航空航天工程学院的莱洛运动学机械收藏馆，器物编号：Q3

约翰·弗格森·韦尔（John Ferguson Weir）（1841—1926）画作《枪支铸造厂》（*The Gun Foundry*）（1864—1868）。画作囊括了韦尔多次前往西点军校铸造厂而发现的技术细节，其中之一就是他详细描绘了使用中的罗德曼堆芯冷却系统，该系统位于观赏者的右侧。本图由维基共享提供

《芦笋》，爱德华·马奈，1880年创作，布面油画，藏于法国巴黎奥赛博物馆，1959年山姆·萨尔茨（Sam Salz）赠予

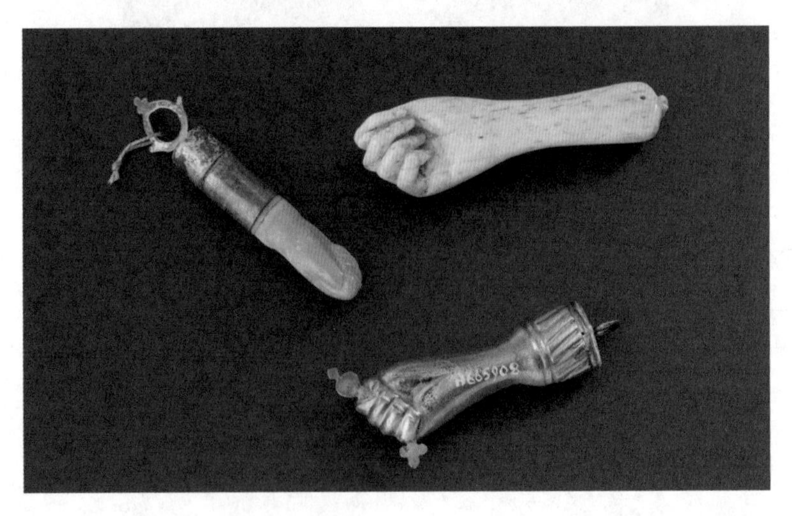

银制、骨制和珊瑚制玛诺菲卡装饰物。维罗纳，意大利，19世纪。伦敦，科学博物馆，威康收藏馆

《约翰·温斯洛普夫人》(*Mrs. John Winthrop*)，约翰·辛格尔顿·科普利，1773年创作，布面油画，藏于纽约大都会艺术博物馆(Metropolitan Museum of Art)，1931年莫里斯·K.杰瑟普基金捐赠

《迈耶太太和女儿》(*Mrs. Mayer and Daughter*)，艾米·菲利普斯，1835—1840年创作，布面油画，藏于纽约大都会艺术博物馆，1962年埃德加·威廉（Edgar William）和伯尼斯·克莱斯勒·加比希（Bernice Chrysler Garbisch）捐赠

《驷马》(*Four-in-Hand*)，柯里尔与艾夫斯，1861年创作，手工上色平版画，藏于纽约大都会艺术博物馆，1962年阿黛尔·S.科尔盖特（Adele S. Colgate）遗赠

格拉斯哥大学

埃菲尔铁塔

巴黎歌剧院

伍德海德百货公司，钻石牌黑鞋油广告。图中两位女士正在讨论男人闪亮的皮鞋，背景为伍德海德公司生产鞋油的工厂，1867，LoC 2005682833

《西班牙人和摩里斯卡人的后代，白化病女孩》(*From Spaniard and Morisca, Albino Girl*)，米克尔·卡布雷拉(Miquel Cabrera)作，藏于洛杉矶州立艺术博物馆，M.2014.223

透过器物看历史

5 工业时代

[英]丹·希克斯 [英]威廉·怀特◎主编 [英]卡罗琳·L. 怀特◎编
霍跃红◎译

中国画报出版社·北京

图书在版编目（CIP）数据

透过器物看历史. 5，工业时代 /（英）丹·希克斯，（英）威廉·怀特主编；（英）卡罗琳·L.怀特编；霍跃红译. -- 北京：中国画报出版社，2024.8

书名原文：A Cultural History of Objects in the Age of Industry

ISBN 978-7-5146-2339-0

Ⅰ. ①透… Ⅱ. ①丹… ②威… ③卡… ④霍… Ⅲ. ①日用品—历史—西方国家—近代 Ⅳ. ①TS976.8

中国国家版本馆CIP数据核字(2023)第230162号

透过器物看历史　5　工业时代

［英］丹·希克斯　［英］威廉·怀特　主编
［英］卡罗琳·L.怀特　编　　霍跃红　译

出 版 人：方允仲
项目统筹：许晓善
责任编辑：程新蕾
审　　校：崔学森
装帧设计：同鸣设计
内文排版：郭廷欢
责任印制：焦　洋

出版发行：中国画报出版社
地　　址：中国北京市海淀区车公庄西路33号　邮编：100048
发 行 部：010-88417418　010-68414683（传真）
总编室兼传真：010-88417359　版权部：010-88417359

开　　本：16开（710mm×1000mm）
印　　张：16
字　　数：175千字
版　　次：2024年8月第1版　2024年8月第1次印刷
印　　刷：三河市金兆印刷装订有限公司
书　　号：ISBN 978-7-5146-2339-0
定　　价：438.00元（全六册）

目录 Contents

导言

卡罗琳·L. 怀特

工业时代，人们常用的器物有哪些？可供人们选择的又都有哪些？他们为什么做出这样的选择？这些问题涵盖面广泛，涉及消费、物质文化、贸易、技术、艺术、建筑和经济等诸多领域的知识。而这些，都能在本卷中直接找到答案。其实并非消费者单方面在选择器物，还有一系列因素共同决定了器物选择的范围和特点，比如资源的变化、获取难度、制作工艺、分配方式以及个人购买力等。因此，被选中的器物似乎成了一种独立于人类之外的存在。

个性的形成、塑造和自我呈现是由创造这些形象的方式所具有的物质条件及文化内涵决定的。鉴于此，我们通过文化来表达（或外在显现）主观愿望，便能把塑造我们或改变我们的器物变成有型的实体。同样，器物之间还表现出交互性（interobjectivity）——一件器物可作为另一件器物的受众并且受其影响。正如后续章节所探讨的，任何器物的作用都体现在其主体性（subjectivities）和交互性的“交织”之中。

因此，要回答的一个关键问题就是，作为承载物质文化的器物，如何能被用来研究交互性呢？我个人的工作就是重点关注那些与拥有者关系密切的日常用品和私人物品，厘清其制造、使用、遗弃以及考古修复的全过程，以便呈现一种“真实的质感”。

由于人们不能随心所欲地表达自己，于是便通过购买、交易或收集各种器物来彰显个性。这些器物的文化属性和象征意义本身就说明了其获取难度，例如，稀缺的钻石、用复杂工艺纺织的丝绸。要研究物质文化一定得考虑器物在人的个性建构中的作用。这样一来，就可以将器物看作人的个性化标签。虽然本卷并非每篇文章都以单个器物作为分析重点，但认为有“质感”的物质文化非常重要。

本卷从多个视角探讨了物质性的概念，这一概念早该得到重视。一些理论家做了大量关于物质文化的研究，这激发了许多学者的兴趣，对他们的理论成就进行了高度概括。每一篇都值得放到实践中去检验。比如，希克斯（Hicks）和博德利（Beaudry）认为，关于物质性的理论探讨并未提及某些反映物质文化的手工艺品实例；而英戈尔德（Ingold）却表示：“无论是要全面解读‘物质性’的概念，还是要对某种物质及其性质进行研究，都无须考虑具体器物。”然而从狭义上来说，许多聚焦于物质文化的考古学研究已经在这样做了，即聚焦于某件器物或某一场景。本卷，乃至全系列丛书将从多个角度，真实具体地深入解析物质性这一概念。这无疑是本领域的一次巨大飞跃。

在导论这一章，我选取了两项案例研究，它们对应的是工业时代的开始和结束——从18世纪末到20世纪初，器物世界发生了重大变化。这两个对比的案例分别从微观和宏观视角来看待器物，反映了当时的世界情况——主流是英国与其殖民地之间的殖民关系，而殖民地西扩改变了人们看待世界的方式。

下述的各个例子都展示了140年间“一般”与“具体”之间的矛盾，即本卷的重点，同时也展示了在不同世界中的器物是如何由人们塑造出来，又是如何反过来影响当时的人们的，毕竟人们生活在他们制造的各种器物之中，也使用这些器物。本卷的所有例子以及导论章节的两个案例研究都提供了不同焦距下拍摄的图片，以观察工业时代出现的几种重要趋势。1760年至1900年，物质世界经历了种种剧变，而这一时期正是包括本书在内的系列丛书所覆盖的时间跨度。

案例一：跨大西洋的日用品贸易

工业时代，器物生产的质量良莠不齐、成本高低不同，器物风格、款式、内涵各具一格，这些特色迥异的器物流转于大西洋两岸的跨洋贸易中。和世界各地的人一样，18世纪的新英格兰人通过他们建的建筑、采购的原料、吃的食物，以及自己生产、购买、使用和丢弃的一系列器物来表达他们作为个体或是群体成员的思想。殖民地的许多器物都是从其宗主国——英国引进的，这几乎全是靠18世纪至19世纪跨大西洋贸易完成的。本章通过18世纪新英格兰和英格兰之间频繁的贸易往来反映工业时代初期阶段的情况。此处就以美国新罕布什尔州朴茨茅斯的服装和个人饰品贸易为例展开研究。

18世纪，英国是美国最初的贸易伙伴，美国人要靠英国卖给他们的材料生活。在新罕布什尔州的朴茨茅斯，当地居民的生活几乎离不开英国的商品。尽管当地也生产一部分商品，但该镇大多数居民使用的商品主要是从宗主国——英国运来的。美国独立战争时期，朴茨茅斯居民对外来器物的这种依赖性反映出了贸易的重要性，也说明了英国的各殖民地在其独立前后对器物的不同需求。

18世纪末是英美贸易关系的一个关键时间点，这时的美国从殖民地变成了独立国家。和大多数殖民关系一样，英国与其殖民地之间的关系也建立在贸易之上。美洲开拓是商品和利益双重驱动的结果——少数人出发去探寻英国人想要的各种资源。定居点建立起来之后，物资就在宗主国和殖民地之间不断流转。随着人口不断增加，这些定居点逐步发展为城镇，城镇又发展为城市。这就是新英格兰的情况；而新罕布什尔州的朴茨茅斯提供了可以看到这个演变过程的绝佳视角。特别是其服装行业的发展，集中体现了在美国独立战争时期，人们通过家纺运动开始越发关注政治和商品。

新罕布什尔州朴茨茅斯的贸易发展

新罕布什尔州的朴茨茅斯位于皮斯卡塔夸河河口，距大西洋两英里[1]远。18世纪以前，这座小城的码头繁华喧嚣，船舶业蓬勃发展，街道纵横交错，商业圈错落有致，航运中心生意繁忙。此时期朴茨茅斯能通过贸易致富，很大程度上得益于地处河口的地理优势。到朴茨茅斯的远洋轮船可以将欧洲商品运到美洲新世界，又能将美洲的商品出口到英国和西印度群岛。轮船在朴茨茅斯卸货后，这些商品再运往内陆地区；通往内地便利的交通条件是朴茨茅斯商业成

1　1英里=1.6093千米。——编者注

功的又一关键。

朴茨茅斯地处三角贸易航线的要害之地，而鱼和木材是朴茨茅斯商人进行贸易往来的最重要商品。他们将鱼、切割好的木板、木料运往西印度群岛，来换取糖、蜂蜜、棉花、羊毛或朗姆酒。而更多时候，朴茨茅斯商人为付清拖欠英国的欠款，把现金或银行信贷送往英国。此外，西班牙和葡萄牙也是朴茨茅斯的贸易伙伴，朴茨茅斯商人以鱼换盐、酒，但当地商人多数情况下还是与英国进行贸易往来。朴茨茅斯的经济发展也有赖于波士顿和其他东部海滨城镇的沿海贸易以及造船业。

轮船抵达朴茨茅斯港口后，商人会在当地许多的报纸，如《新罕布什尔公报》（the New Hampshire Gazette）上，为他们的商品打广告。我们从这些广告中可以一瞥当时的商业生活——商品直接在商人的仓库门口售卖，或者卖给商店老板，商店老板再为自己进的货物做广告。朴茨茅斯的商店不光给当地居民提供商品，也服务于那些从新罕布什尔州和缅因州到海滨来购买制成品的游客。这里的商店经营品种繁多，服装、五金、食品和酒都列在一起宣传，此外还有许多其他种类的商品，不胜枚举。在朴茨茅斯，商人将货物运到较大的城市，然后再卖给下面的零售商和批发商，这些零售商和批发商又将货物卖给下一级零售商、批发商或个人消费者。这种贸易形式在美国其他城市也能看到。

18世纪最后的25年间，朴茨茅斯商人原来赖以发家致富的资源开始枯竭，商人便开始寻找新的收入来源。美国独立战争期间港口关闭，私掠船保证了朴茨茅斯的经济发展稳定。1783年，港口重新开放，但英属西印度群岛——朴茨茅斯大部分商品的出口地——仍然对朴茨茅斯的船只关闭港口，朴茨茅斯贸易发展因此受阻。1785年颁布的关税法案规定，对外国船只运到美国港口的货物征收关税，这使朴茨茅斯的发展进一步受阻。贸易失衡导致朴茨茅斯的经济最终走向萧条。

1789年欧洲爆发战争后，美国航运业得到短暂振兴，朴茨茅斯的商人抓住时机发展贸易，朴茨茅斯也开始再次繁荣。但1807年颁布的杰斐逊禁运令，旨在切断与英国和法国的贸易而使新成立的美国实现自给自足，这给朴茨茅斯的经济带来了毁灭性的打击，朴茨茅斯18世纪末的繁荣就这样在19世纪走向了衰败。因为朴茨茅斯的海外贸易基本崩溃，朴茨茅斯的航运贸易发展便远远落后于其他港口城市。更严重的是，由于朴茨茅斯商人对鱼类、木材和其他农业产品过度开发，到了19世纪初，这些曾经丰盈的资源已经枯竭殆尽，朴茨茅斯最终走向落败。没有货物可供出售，也没有资金来购入货物，朴茨茅斯在买卖关系的任何一方已无立锥之地。

器物与人

18世纪，朴茨茅斯经济发展呈现一片繁荣之景，这也带动了与海上贸易相关手工业者的发展，包括帆匠、绳匠、金属板匠、铁匠、船匠和木匠。大多数朴茨茅斯市民都从事手工业和面向精英阶层的服务业。当地的富人也对本地或进口的高端商品有所需求并购买。细木木匠和建筑工人为富商和中产阶级建造房屋。工匠们（金匠、武器制造商、木匠、假发制造商等）纷纷开设店铺，吸引着精英阶层消费。这种“第二层经济”（传统的制造、流通及服务业）成功的原因离不开繁荣的国际航运贸易及其产生的利润。

比如，许多银匠在朴茨茅斯工作，一排紧挨着的商店里有三名银匠师傅在忙碌着。约翰·盖恩斯（John Gaines）和乔治·盖恩斯（George Gaines）生产家具，挨着他们的有许多家具工匠。再比如，查尔斯·特雷德韦尔（Charles Treadwell）是一名理发师，家在朴茨茅斯中部，他的妻子玛丽·特雷德韦尔（Mary Treadwell）在家里卖布匹、五金制品和其他杂货。由此可见，航运贸易的收入为城市发展带来了生机，也直接或间接地为居民带来了商机和繁荣。

朴茨茅斯的城市布局使得人们可以自如地在各个街道之间穿梭，根本不考虑性别、阶级、种族、信仰或是政治立场。人们的居住地兼具多种用途。就像18世纪的许多城镇一样，朴茨茅斯的手工业者在家开店，商人的家也是仓库。除此之外，尽管不同社区间存在阶级差异，但富人和穷人住得并不远，最多相隔几条街。

除此之外，朴茨茅斯的城市布局也促进了人们对服装的重视。人们认为，朴茨茅斯的精英阶层对地位、家庭财富和权力的关注程度远胜于弗吉尼亚州以北的其他殖民地。尽管这种说法可能有失偏颇，贬低了其他地方精英阶层对身份地位的重视程度，但朴茨茅斯的建筑、家具、物质文化都足以表明：朴茨茅斯的精英阶层对身份地位相当重视。

在公共场合，人们作为个体存在的同时，也根据性别、阶级、种族、宗教等因素把自己归为更大群体的一员。一个人穿戴好走出家门后，他的邻居或其他人可以通过观察他的着装，来确定这个人属于哪个群体，又有什么样的个性。

通过参加宗教集会这种正式的场合，居民们定期聚在一起。私人聚会也让居民有机会穿上自己最好的衣服并精心打扮一番。除了这些正式活动之外，还有在街上、商店或者酒馆里的简单常见的社区活动。虽然朴茨茅斯在住房和高端消费方面没有明显的社会分化现象，但朴茨茅斯的精英人士并没什么机会与较低阶层的民众聚会。由此，日常活动成了朴茨茅斯民众展示外表的主要机会，服饰的作用也就由此凸显了。

美国独立战争的双方

在美国独立战争那几年，哪怕是持不同立场，美国人都不约而同地支持使用美国本土生产的商品，从而减少对进口商品的依赖。美国通过颁布法律以及发起民间运动，来劝阻民众使用进口的生活日用品。家纺运动就是其中的一项民间运动，这场运动呼吁民众穿家织布而不是英国进口布料做的衣服。考古记录在多大程度上反映出这场发起于18世纪末期的运动，以及民族主义和爱国主义具有多大的力量能够促使民众摆脱欧洲商品的诱惑，这一切都能在当时的个人饰品中找到答案。

个人饰品是一面镜子，透过这面镜子，可以看出个人身份，以及与性别、阶级、民族和种族相关的集体特征。通过观察个人饰品，可以发现朴茨茅斯家庭极为看重用服装搭配其他名贵饰物来彰显身份，并一窥他们的具体行为。18世纪早中期，朴茨茅斯的服装饰品和其他大多数人想买的商品一样，几乎完全从英国进口。不难看出，家纺运动严重冲击了美国原有的消费习惯。

通过研究当时新罕布什尔州朴茨茅斯的个人饰品，可以发现在独立战争之前，殖民地民众，特别是朴茨茅斯人，一直在追随英国的时尚风潮，于是进口纺织品和服饰配件纷纷流入殖民地。当地报纸刊登的商业广告大肆吹捧自己的商品来自伦敦、利物浦或英国其他地方。例如，吉尔伯特·德布洛斯（Gilbert Deblois）为自己的诸多商品做广告，宣扬它们是“从伦敦、布里斯托尔和苏格兰进口”的，其中包括纺织品、牛角、马海毛、金属纽扣、梳子、扇子、假发和鞋扣，还有一长串其他商品。

不出所料，美国独立战争发生以前的考古资料显示，那时朴茨茅斯的时尚趋势与英国别无二样。无论在生活的哪个方面，朴茨茅斯居民都对从英国进口而来的产品青睐有加，绝大部分的饰品也来自于英国。美国独立战争爆发前，朴茨茅斯的商品主要是从英国进口，那时候在朴茨茅斯的市场上能找到各种价位的英国商品。出土文物显示，美国独立战争前的衣服纽扣、发饰、珠宝等个人饰品都在模仿英国的风格。

美国独立战争的影响：服饰

英国先前在殖民地颁布了一项不公正的税收政策，殖民地民众对此表示反对，他们急忙聚在一起，试图通过抵制英国商品来迫使议会废除这项税收政策。民众鼓励在家生产纺织品，妇女相邀一起在家里纺纱，一起抵制英国产品和购买英国产品的人。乌利奇（Ulrich）把他们的运动描述为“忠于对祖国、对上帝、对翻新的旧生产模式的承诺”。一时间，殖民地民众纷纷对纺织品以及其他家用产品燃起了兴趣，阶级和职业差异荡然无存。

都说家纺运动的目的是为了抵制一切外国商品，其实不然。历史资料中没有任何证据表明，美国人发起这场运动是想要大幅降低对外国尤其英国时装和饰品的依赖，也没有当时美国本土制造的商品数量急剧增加的相关记载。恰恰相反，资料显示美国民众对英国服装和饰品的狂热追求仍在继续。

例如，纽扣和皮带扣能精准反映当时的时尚趋势和审美趋势。许多资料都显示，纽扣和皮带扣是男装的点睛之笔，也体现了时尚的微妙转变。1760年至1780年正值工业时代早期，那时纽扣和皮带扣的尺寸越来越大，在男式外套、马甲、鞋子、马裤和袜子上也越来越显眼。这种风潮与当时的战争背景有关，从中也可以看出外国时尚的影响。事实上，当时朴茨茅斯纽扣和皮带扣的款式与英式风格非常吻合。

美国独立战争期间和之后，朴茨茅斯纽扣饰品的种类、款式和尺寸都有所增加。银、锡铅合金、铜合金和贝壳等材料都用来制作纽扣。朴茨茅斯最流行的纽扣中，有一款印有图案的铜合金外套大纽扣，正与英国当时的时尚风潮相呼应。

纽扣和皮带扣也变得越来越大，越来越精致。当时，尺寸大的衣扣在伦敦十分流行，而考古发现证实，同时期朴茨茅斯人用的纽扣也越来越大。随着英国的镀金和柄部焊接技术不断成熟，18世纪末在朴茨茅斯也发现了新的柄部焊接工艺。翻看美国独立战争结束后几年的航运记录，上面记录了一箱箱用镀金和电镀工艺制作的纽扣。账单和其他交易记录上也能发现一些小趣事，如费城的一位顾客订购一批纽扣竟是因为它们“非常流行”。

而最让人惊讶的是，在朴茨茅斯很少有当地生产的饰品。骨质纽扣可能算一种，当地的能工巧匠做的一些新奇的小饰品可能也算在内。但总的来说，19世纪前，朴茨茅斯的饰品都是英国进口的。

被夸大的家纺运动

18世纪，朴茨茅斯通过发展航运贸易摇身一变，从海边小村成为了海港城市。贸易给这里带来了商品和财富，朴茨茅斯居民用跟英国进行远洋贸易获得的商品来装饰家居，打扮自己。美国独立战争爆发后，这种紧密贸易关系却成了美国政治发展的绊脚石。美国过度依赖英国的商品，英美关系严重失衡。当时，购买英国纺织品和服装的行为会受到公开谴责，家纺运动更是激发了美国人的民族情怀，号召国民改穿本土服装，从而减少对英国商品的依赖。

但令人惊讶的是，虽然家纺运动声势浩大，影响广泛，但是资料显示，这一运动的实际效果并不如预期。保留的文物资料显示，美国独立战争前后朴茨茅斯使用的商品没有显著不同。通过观察当时的服饰，我们发现美国人并没有形成本国产品应当优于外国产品的民族认同。事实上，至少在服装方面美国人还是更青睐外国的产品。这一时期，虽然美国在政治上摆脱了外国的统治，但仍继续追随欧洲的时尚风潮，在穿着打扮方面致力于向原先的宗主国看齐。直到19世纪20年代，才有文物资料显示，朴茨茅斯用的大多数个人饰品为美国本土制造。

和美国其他殖民地民众一样，朴茨茅斯人有了新的身份。原来朴茨茅斯只是英国殖民统治下的一个偏远小镇，他们以及自己的孩子只是被殖民者，现在朴茨茅斯一跃成为美国的一个城市，他们也变成了美国公民。然而令人惊讶的是，新的国家身份并没有让民众更能接受本土产品。虽然当地政府尝试劝说人们不要购买欧洲服饰，但都以失败告终。不管是独立前还是独立后，朴茨茅斯居民都更愿购买欧洲进口的服饰。这也许是因为，在以贸易为主的朴茨茅斯，依靠外国元素表达自我是植根于血脉之中的。通过收集个人饰品物件的行为，能看出人们无法抗拒某类器物的魅力，如习惯穿戴的服装和饰品，即使这些商品要经过海上漫漫的长途运输才能得到，人们依旧毫不犹豫地选择购买。由此可见，这些刚获得身份的美国民众在选择性地奉行爱国主义——作为英国曾经的殖民地，在政治层面对宗主国有所不满，而对其服饰物品依旧难以割舍。

案例二：美国的西进运动与物质性

让我们把目光从美国东部转向19世纪末期的美国西部，以便用一种截然不同的视角来看待物质世界，从而发现物质性的转变。此时西进运动如火如荼地进行，大批美国人利用公路和铁路从东部迁往西部。当然，也会有人选择从海上向西航行，接着再从最远的西海岸向东返航。

采矿镇、哨站、贸易站和驿站点缀着西部这片广袤大地，我们可以通过它们来了解19世纪末美国西部地区的发展。19世纪中期，移民、旅客、火车和驿站马车要穿过美国内华达州西北部的黑岩沙漠地区前往加利福尼亚，路上有几个重要的停靠点，格兰尼特湾站是其中之一。这里集各种功能于一身，可同时作为露营地、货栈、牧场、驿站和军营。这也是大多数移民前往加州的路上会选择停下来稍作休息的地方。在这里，人和牲畜可以稍作休整，补充后续的水源和其他物资。也有人在日记和信件里把这里描绘成一个让人痛不欲生之地。格兰尼特湾站发生过几起暴力事件，其中一起是发生在当地的北派尤特人和欧洲人之间的“格兰尼特湾站屠杀”。格兰尼特湾站让我们看到一个包罗万象的物质世界，一个杂糅了经济、技术、建筑和器物性的地方。

早期移民时期：格兰尼特湾——“阴郁的”归宿之地

在横穿美国的几条主要陆路中，加州小道是穿过现今内华达州的首要线路。前往加利福尼亚的移民队伍到达内华达山脉后，得从几条路线中选出一条，走完最后一段艰难的路程才能到达目的地。诺布尔斯小路是其中的一条，是1851年威廉·诺布尔斯（William H. Nobles）在黑岩沙漠寻找黄金时开辟的一条路线，这条路岔开了那个危机四伏的拉森近道（也被称为拉森死亡之路）。这条路在黑岩温泉处偏离拉森－阿普勒盖特路，之后向西南延伸穿过黑岩沙漠干荒盆地到达格兰尼特湾，并继续向西南面大沸泉（今格拉赫附近）延伸，沿着烟溪沙漠北部边缘到达深洞泉，继续前往加利福尼亚，还需要再往前走穿过诺布尔斯山口，经过香蜜湖北面，再到沙斯塔市。到了沙斯塔市，这些迁徙的人们可以向南走其他路进入加利福尼亚，或向北进入俄勒冈地区。在诺布尔斯的描述中，这条近路颇具优势，与该地区其他路线不同，其他路线上的两个水源相距50英里，而诺布尔斯路道路平坦（人们在穿越不好走的路段时也不用丢掉携带的物品），又是一条直线，距离更短，相邻的泉水或小溪之间的距离不超过25英里。

然而，诺布尔斯路的实际情况却与上面的描述有出入。一位负责改善路线的政府工程师注意到，格兰尼特湾是“一条小溪流，那里的水温度较高，水质不佳”，连他的牛都不喝那里的水，也不吃“蔓延河口地带三四英亩[1]地上的荒草”，后来这位工程师安排把泉水挖深，砌了沿，以此改善供水条件并拓宽了路。这条路改善后，成

1　1英亩=0.4046公顷。——编者注

了著名的“卡尼堡－南山口－香蜜湖马车路”，也称“洪堡马车路”。

这条路上的格兰尼特湾是迁徙者必经的艰苦卓绝之地，他们每天都要和旅途中的恶劣环境作斗争，许多人记录下了他们在这里所遭的罪。乔治·格罗夫·戴维斯（George Grove Davis）说，格兰尼特湾“一些地方的水质极差，周围寸草不生，到处是死马和死牛，非常惨”。露丝·伊丽莎·华纳·泰勒（Ruth Eliza Warner Taylor）1860年写道，她“走了12英里后，到了格兰尼特湾，扎营下来（这段路是我见过最长的路）”。上述只是展示格兰尼特湾条件艰苦的两个例子，这样的例子还有许许多多，见证着西部的物质世界与艰苦环境的现实存在。

“格兰尼特湾站的屠杀”

19世纪60年代中期，格兰尼特湾站及其周边站点发生了几起暴力事件。1865年4月15日，《洪堡纪事报》曾报道过这样一则新闻：格兰尼特湾站的站长被美国印第安人中的北派尤特人杀害。这件事也被人们称为“格兰尼特湾站屠杀”。事件的起因是格兰尼特湾站的站长卢修斯·阿库拉里乌斯（Lucius Arcularius）被人杀害。他生前在当地颇受欢迎，唯一的过错就是“对印第安人太友善了”。虽然没有直接证据，但白人推测是印第安人干的。

1865年3月中旬，阿库拉里乌斯被谋杀后不久，一个北派尤特人就在站里打听起他的情况。当地一个脾气非常不好的人叫普克·瓦尔德隆（Puck Waldron），他听说后十分生气，认为这个北派尤特人在诋毁已故的阿库拉里乌斯。毫无征兆，他猛地拔出左轮手枪，对这个北派尤特人叫道：“你自己去查吧！”旋即开枪打死了他。站里的三名管理员偷偷掩埋了这个北派尤特人的尸体，想埋尸灭迹，却被附近的北派尤特人看见了。几天后，也许恰好是4月1日（关于这个时间有各种说法），格兰尼特湾站受到了袭击，在大火中被夷为平地，站里的管理员们也都死得非常惨。

文献中关于这一事件的记录也存在很多矛盾的地方，这反映了当时人们对于西进运动引起的民族冲突持有不同立场。一名管理员在站里被人发现时，膝盖以下都被割掉了，从地上被剥下的狗皮和大片血迹可以推测，站里的狗也被杀了。一份记录上写着，北派尤特人用床垫点燃了仓库的屋顶，站里剩下的两名管理员看到后逃跑了。一个向东跑去，但不久就被追上抓了回来。他们用大堆的石头压住他的两只胳膊，把他活活烧死了。

尸体只剩下一部分头骨、一块下颚骨和一些小骨头，其他部分都烧成了灰烬。原来应该是他胳膊的位置还堆着大块的石头，种种迹象都表明，他被压得无法动弹。石碓上面是一堆锯好的木材，旁边还有锯木头的木屑，这个可怜的家伙就这样被烧成灰了。

第三位管理员向西南方向跑去，被枪杀后遭到肢解。除了站内工作人员惨遭屠杀，站里的所有建筑也都毁于大火。以上这些记录和烧掉的建筑与尸体，清楚地展示了暴力、复仇和激烈的权力斗争。透过身为欧洲移民的美国白人叙述者的笔触，我们可以清楚感受到殖民者和被殖民者之间、美洲原住民和欧洲人之间的冲突。

当地人的说法则是，这次屠杀事件是北派尤特人对北美殖民者杀人埋尸的复仇。我们可以用更广阔的视角看到，随着欧洲人移民到美国，美洲原住民所经历的其他冲击和压力。从对三位管理员尸体的处置方式、被剥皮的狗，以及对站点的大肆破坏等行为中都可看出北派尤特人打击巫术的痕迹，而这也许恰恰是美洲原住民看待白人的一种方式。正如瓜尔蒂耶里（Gualtieri）所研究的那样，烈火焚身一直以来就是北派尤特人处死女巫的一种方式。北派尤特人和金字塔湖印第安人一直在抗争，泥湖大屠杀就是其中一个极端暴力事件，起因是当地大量的土著妇女和儿童遭到强奸和杀害。实际上，格兰尼特湾站事件可能是美洲原住民奋起应对外来移民所采取的行为的一部分，这一领域现在才开始受到西方学者的关注。

西部的物质性

2014年和2015年，我们对格兰尼特湾站和周边路线进行了调查，来确定相关遗迹的位置、规模、状态和所属。我们试图还原这条路线上日常生活的各个场景，搜集传说中暴力事件的物证。

从现场看来，当时的日常生活既稀松平常又让人深感绝望。我们记录了原来诺布尔斯小道的部分路段、后来的小路情况、运货的路和20世纪牧场的道路。金属探测仪发现这一段小路上有马掌、一个铁质的楔子或钉子、一枚19世纪中期的子弹。由于这段路呈现出沼泽形状，比别的路段窄，我们认为它是迁徙者离开格兰尼特湾站后走的原诺布尔斯小道中的一段。这条路也是人们穿越盐湖后，即将进入山区时的必经之路。因此，这个地方是一个希望和绝望并存的地方，是一个新的开始，也包含了迁徙者旅途的艰难。

通过其他文物，我们可以了解那时迁徙者的日常活动，还有他们在迁徙路上获得物资的途径，是路上购买还是一路携带。调查发现这些文物呈现出类似于19世纪早中期居民区附近常有的“丢弃区”或“垃圾圈”的模式。我们挖掘出了刻有浮饰的药瓶碎片、橄榄绿玻璃、梳子齿、铁质衣服带扣和铁质纽扣等器物，很明显这些东西跟保健、生计和打扮相关。除了这些私人器物外，我们还发现了与吃饭和做饭相关的器物。以上所有这些器物都是美国本土制造的。

有许多关于大面积挖地的记录。可能是为了改善这里的水源，这里至少开展过两次施工，包括开渠护堤引导水流，其目的可能是为了守住草地（沼泽）中的水源，草有水的滋养后便能茂盛生长，可以更好地饲养牲畜。

其他出土的文物也证实了这里曾发生过暴力事件。在挖掘过程中，我们发现地面遗址中存在一个多半是人为造成的木炭层，这很可能就是格兰尼特湾站房屋烧毁后留下的。石栏附近发现的一个凹陷可能是一面用来防御攻击的土墙，在现场还发现大量的弹药遗迹，包括边缘发火弹的弹盒、用过的子弹和44毫米口径的铅质手枪弹丸，上面还有浇铸和锤击的痕迹。

最重要的也许在于，我们调查发现的建筑和景观特征与历史文献相吻合，符合文献所说——这里曾发生过冲突事件。站房、仓库、畜栏、靠近干荒盆地以及其他地点信息的位置都得以确定，我们据此绘成了地图。

站房极有可能是一个由许多层花岗岩石头和一些其他种类的大石头通过干燥法垒起来的单人房间。不管是迁徙者走小路的时候，还是后来有马车、军队经过的时候，站房都是当地最完整的建筑。该建筑的试掘过程中出土了一些文物，包括一个牛桡骨、一些钉子的残片和一个大螺栓。

记录格兰尼特站冲突事件的文献中提到过一个关养牲畜的栅栏，栅栏由白色和灰色花岗岩搭建而成，有一到三层花岗岩那么高。有趣的是，在畜栏周围没留下什么物证。根据《洪堡纪事报》的记载，站点管理员和当地北派尤特人之间的战斗延续了半天至三天，其间消耗了大量弹药，“畜栏前面都被从房子里射出的子弹的铅填满了”。

据报道，站点管理员们和北派尤特人都耗尽了子弹，这迫使北派尤特人最终烧毁了站点，管理员们则不得不逃往干荒盆地。我们对残留的石栏进行了金属检测，并没有发现《洪堡纪事报》上报道的散落的铅。

尽管挖掘结果显示，在格兰尼特湾站，站内工作人员和当地北派尤特人之间可能发生过某种小规模的战斗，一层严重烧毁的炭土就是物证，但目前的考古证据表明格兰尼特湾站没有发生过持续的战斗。如果有战斗，其规模也比《洪堡纪事报》报道的小得多。这种在涉及印第安人和欧洲移民关系的文献和报道中出现与事实不吻合的现象，在那个时代并不罕见。夸大甚至捏造这些民族之间的暴力事件，是为了激起赴美欧洲移民对美洲原住民的愤怒情绪和成见，同时也为“狂野西部”的故事增添趣味。这场蕴含着保护与纪念意义的调查，使我们对西进运动背后的暴力和苦难有了更加全面细致的理解。

***

这里做的两个案例研究，一个发生在美国东部，一个发生在美国西部。站在工业时代开端和结束的两个时间点上，器物从手工制作转向机器制造。通过这两个案例研究，我们可以知道，人们感兴趣的器物范围有大有小，层次有高有低。无论是从个人饰品来观察工业世界，还是观察人们途经的广阔风景，每个人都通过物质世界来传达他们的想法，物质世界又反过来体现在这些拥有不同群体身份并受时空等多种因素限制的人们身上。

本书的各章将带领读者了解工业时代的物质世界，从而掌握通过器物来理解历史的各种方法。本书中的一些作者专注于研究自己选定的材料，目的是通过研究几类特定的材料来理解某段时期，再由这段时期来理解那个时代；而其他作者则将自己的镜头投向更远处，辐射更宽广的时间和空间。

第一章

器物性

卢安·德库佐

我接受挑战撰写本章时竟没意识到自己从未真正使用过“器物性”（objecthood）一词。经过一番摸索，我发现约翰·科尔特曼（John Coltman）不久前的研究呼吁将艺术史重新定位在“器物性”上。早在18世纪60年代，“艺术史之父”约翰·约阿希姆·温克尔曼（Johann Joachim Winckelmann）就将观察视为艺术研究的基础。尽管温克尔曼优先考虑视觉因素，但他主张积极观察，而这就意味着与器物的密切接触。科尔特曼认为，这种与作品器物性联系在一起的分析技巧，在艺术史上已经成为一种辅助手段。关于“人性”（personhood，“生而为人的状态或条件”）的大量文献则为我们提供了一个平行的框架，在此基础上我们可以对器物性的概念进行定义。人性（器物性）研究的重点是在特定的文化语境中社会关系如何影响对人（器物）建构的同一性和差异性。对器物性的研究可以看作对物质性的研究，物质性是指在特定的文化、不同功能种类的物体（如椅子或帽子）中，样本之间因差异性而导致的不同。而差异则体现在形式、材料、颜色、外表和尺寸等方面。在物质性的研究中，人们会想弄清楚究竟是什么原因导致了这些相似性和差异性。克里斯·福勒（Chris Fowler）研究人性的方法可以引导我们找到答案："从根本上审视人与人、物与物、动物之间、物质之间和场所之间的关系。"（重点强调）他进一步将物化的过程与人格化联系起来，因为"人们在制作器物、与器物一起生活以及使用器物的过程中才成为了这样或那样的人"。

英国哲学家托马斯·霍布斯（Thomas Hobbes）（1588—1679）将欲望定义为所有人类行为的根本动机。在欲望的驱使下，18世纪末期和19世纪西方世界的人们形成、延续并重新审视了对器物的某种态度。西方人对促使各种器物形成的各种不同的欲望进行了各种讨论：比如关于肉身生存、性快感、智力提升、情感怀旧、社会认同、道德良善、政治权力、经济财富、工作表现和因地理位置而产生的异国情调等。这些欲望是通过创造、获取、使用和排斥器物有关的行为来实现的。反过来，这些做法会影响生产规模的扩大、商品化、工业、技术以及销售网络等方面。对于这些新兴的工业技术和工业格局，流行的是消费合法化的乌托邦式言论以及它们带来的工作机会和造成的损失，人们的反应中会有不同程度的自我反省与矛盾心理。

在本章中，我研究西方人对器物的观念、欲望以及与器物之间关系的变化是基于塑造了西方人观念的各种杂糅思想：启蒙主义、资本主义、宗教、技术发展和欧洲帝国主义。本章遵循的时间顺序并非严谨（毕竟我本人是启蒙理性的产物）。我承认我做的总体概述已将跨空间、跨群体和跨时间的变量程度降至最低。从欧洲来的没有土地的移民、被俘虏的非洲人以及美洲原住民在塑造器物这个概念时有着很多复杂的故事，应该自成章节叙述。本章侧重于描写这些现象的欧洲源头以及在美国的种种表现，关注点是美国的精英和中产阶级的经历。

18世纪欧洲启蒙运动多变的、矛盾的和复杂的思想深刻地影响了西方人的观点以及他们与其他民族和器物之间的关系。由不断扩张的资本主义政治经济引发的冲突和斗争同样如此。考古资本主义的学者马克·莱昂内（Mark Leone）将资本主义社会描述为“所有者、政府及其代理人不断引入改变劳动结构的技术变革，并将这些变革或者推向以前它们根本影响不到的领域、文化和阶级，或者推向使它们愈演愈烈的地方”。个人竞相以各种形式——土地、原材料、货币和各种类型的财产——积累资本，这种资源的整合引发了新的社会关系，即那些通过财富手段控制经济的人与那些出卖劳动力和技能的人之间的新关系。

此外，到了18世纪60年代，新技术和帝国扩张使越来越多的西方人渴望获得日益多样化的物品并生活在它们之中，“这些物品的空间分布、审美质量和使用价值都被重新定义。物品……出现在更多人的视野之中，占据人们所居住的室内环境，或者赋予了他们不可思议的特征”。消费者重视与器物之间的感官接触，并投入更多的情感、期望和记忆。名人为这一过程做出了贡献，他们利用与特定地点相关的日常物品来创造文化人格。时装、科学产品、新奇事物、文物、收藏品、历史文物和商品开始跨越国界，连接偏远地区，承载着文化模式和文化身份，到更大的殖民网络上进行交换。

这些器物参与了按照新的二元划分对现有世界重新定义和重新绘制的过程：包括欧洲与新世界、帝国中心与殖民地、文明世界与“野蛮”或“异域”的其他区域。大英博物馆于1759年1月15日开放，距议会将其确立为世界上第一个国家公共博物馆已经过去了6年。博物馆的核心藏品来自医生和博物学家汉斯·斯隆爵士（Sir Hans Sloane）。很快博物馆的藏品得到了扩充，1756年增加了第一具古埃及木乃伊，1772年收进了第一批古典文物。詹姆斯·库克船长（Captain James Cook）的手下于1767年至1770年在太平洋航行期间收集了31000 多个标本，其中一部分被挑选出来，加入到不断增加的藏品中。

启蒙哲学家拥有实证主义的观点，坚信人类用智慧理性能够获取和利用自然知识，坚信人类进步可以改善个人生活、推动社会发展。科学有能力揭示自然规律是基于一种独特的方法，即理论、实验和观察相结合的方法。科学知识之所以值得信赖，一是因为它通常使用仪器客观复制和记录证据，二是因为观察者或理论家的主观经验与使用研究方法的客观过程是严格分开的。

科学哲学家认为，真理的历史得以揭示，是因为“人类思想积累了对大自然日益准确的反映，然后由个体表达为关于自然世界的理论”。伊曼努尔·康德（Immanuel Kant）在18世纪70年代写道：“我们只能谈论我们能够接触到的世界。”他进一步鼓励对自然世界进行科学研究，认为科学研究能够提高人类的技术能力和对自然进程的控制力。

启蒙哲学家们挑战着西方人对世界的基本理解，这进一步引发了集体焦虑。人类对世界的理解需要排序和分类，这发展成启蒙运动时期文科、自然科学以及工匠商店和市场的主要任务。然而，如果没有新商品和手工艺品的大规模生产、分配和流动，这些活动几乎无法进行。用于观察的新技术，如显微镜和望远镜，拓宽了哲人科学家和消费者的视野。人们开始着迷于各种模糊了人与物区别的自动装置、玩具和其他制作精巧的器物。

启蒙哲学家们使得欧洲主导世界的计划具有了历史合法性。他们在不同程度上尊重差异，评价非欧洲文化，并对殖民主义持批评态度。赫尔德（J. G. Herder）于1770年左右开始写作，他认为历史不是用来记录“进步”，而是用来区分各种不同的人类进步的。他赞扬每个民族的重要性和独特性，并否认种族的存在。

孔多塞侯爵（Jean-Antoine-Nicolas de Caritat, Marquis de Condorcet）在1795年的《人类进步史》（*Esquisse d'un tableau historique des progress de l'esprit human*）一书中，从另一个更通俗的角度描述了欧洲帝国主义：“一个地方有许多人想要获得文明，但似乎只是在等待我们为他们提供方法；欧洲人一把他们当作兄弟，他们就会马上成为欧洲人的朋友和信徒。”虽然在1760年至1800年的大革命时期已经描绘了现代民主国家的形态，但孔多塞侯爵关于帝国主义是实现仁慈的全球联盟的一种潜在手段的观点还是成为了英国的主流思想。

随着欧洲帝国主义和殖民化愈演愈烈，人类群体在世界各地的位置被理论固化下来。18世纪的最后25年，这些人群的划分变得不可逾越。英国的做法主要是基于肤色进行种族划分。界限把人类与动物分割开来，原有的性别分工和阶级划分变得“固定”。物质世界中的一些关系变得具体化，如男性负责生产，女性负责繁殖后代；

男主外，女主内；男性客观理性，女性主观感性。

男性时尚从层层叠叠、色彩鲜艳、纹理清晰、闪闪发光的纺织品转向军事风格和形式，而女性则穿着具有古典风格的轻盈、紧身的衣物。随着不那么富裕的人比以前更容易买到和买得起商品，礼仪逐渐成为精英阶层区别于其他阶层的特质。礼仪规范了行为，标志着“教养”和正统性。尤其是茶道，约束了女性的身体，茶桌上的物质文化使这些享有特权和闲暇时间的女性因不用劳作而更加白皙可人。

在英国，文学既鼓动对女性的驯服约束，又为男性纾解对于女性过度消费的焦虑。例如，伊丽莎白·科瓦列斯基－华莱士（Elizabeth Kowaleski-Wallace）评论说，托拜厄斯－斯莫利特（Tobias Smollett）1771 年的小说《汉弗莱·克林克的远征》（*The Expedition of Humphry Clinker*）就描写了女性追求时尚产品和外来产品的愚蠢的、危险的欲望。这种对商品的欲望威胁到男性的控制力，并最终威胁到父权秩序。对于女性来说，这就是帝国扩张的悖论。在政治上，通过消费来促进经济增长赋予了女性权力，但表现了女性的堕落。

18世纪末，新技术和不断变化的生产关系使工作与家庭分割开来，这对社会等级以及性别角色、身份和两性关系产生了深刻的影响。这些过程伴随着对新消费者的焦虑，作家们开始探讨“它叙事”（it-narratives，关于会说话的器物或非人类角色的小说）。这些故事主要包括人与人之间的交流、迁移、分别以及商品化社会中普遍存在的疏离感等主题。器物被赋予能促进道德的作用，有象征、教化甚至批评的功能。

面对由不断变化的经济、新生事物、与他者交流所带来的人际关系变化，康德对美、崇高、自然、道德和人类情感之间的关系进行了哲学思考。对于康德来说，体验大自然的美丽和崇高象征着道德意志，使人类个体摆脱低级欲望或兴趣。弗里德里希·席勒（Friedrich Schiller）和其他后康德主义者（post-Kantians）“主张审美经验对道德发展有着直接甚至不可或缺的影响”。对于弗里德里希·谢林来说，艺术之美在于模仿自然之美。

与自然、美和社会等级概念密切相关的是改良的概念。作为一个起源于罗马的文化理想，改良是具有广泛文化内涵的概念，它既是“一种将人类理性与物质和社会转型联系起来的意识形态，也是组织这种实践和意识形态的隐喻”。18世纪的欧洲人最初将这一理想应用于改良土地，这些土地因几代人的不良耕作导致美丽不再、贫瘠无力。这一概念毫无意外地渗透到了大西洋世界的空间领域和符号领域。归根结底，它包含了个人通过提升自我而实现对等级跃迁的渴望。彬彬有礼、学识丰富是有礼貌、有道德、有文明的绅士的标志。

道德提升这一目标也引出了新的惩罚方式。随着新生产技术的出现、财富的积累和对财产的日益重视，侵犯财产的犯罪行为也在不断升级。到了18世纪70年代，教养院开始尝试隔离和体力劳动相结合的方式。隔离的孤独使人们反思、忏悔，达到理论上的完全服从。程式化的日常安排、沉默时间和共用工作空间加上了监视、胁迫和束缚等措施，目的是重塑或打造出更加自律的个体。

北美殖民地的情况与18世纪中期欧洲的情况相似，但也有不同之处。在美国南方，烟草和水稻这样单一经济作物的种植以及黑人奴隶制度所带来的资本主义生产关系，早于本卷关注的时期。而在北方农村，艾兰·库利科夫（Allan Kulikoff）将资本主义转型的开始时间追溯到18世纪50年代，认为这一转型是土地、信贷和劳动分工斗争的产物。教育与宗教的分离和重商主义使得人们接受了财富和消费的概念。卡里·卡森（Cary Carson）曾困惑于为什么18世纪后期的美国人被全世界称为疯狂时尚买手。他把这归结于英国商品与社会地位的关系过分密切，这加速了农场女性的资产阶级化。许多妇女开始从事家庭制造以获得现金，用于改善家庭状况和购买商品，某种程度上也是为了确保女儿能婚姻美满。

詹姆斯·迪兹（James Deetz）曾断言文艺复兴世界观对英国的物质文化产生了深远的影响，并且越来越多地影响到英国在北美殖民地的物质文化。启蒙理性主义思维塑造了基于秩序和掌控的世界观。英裔美国人便在建筑中表达了越来越古板、平衡和个性化的世界观。乔治亚式建筑的特点是正面和平面上严格的双边对称，以及个人和活动区间的分离。设计式样一般都参考了古典建筑，设计性远超功能性。女人们不再用大锅做众人一起吃的饭菜，宰杀完的动物被切成单独的肉块。在家里为每个人安排座位、摆放刀叉，每只盘子里都有分好的肉、蔬菜和碳水化合物。在户外，人们把家庭垃圾埋在离房子较远的坑里，而不是把它们扔到最近的门口旁边臭气熏天的露天粪坑里。迪兹认为殖民地确实进行着杂合，不同的世界观促成了非洲裔美国人的生活方式。其他学者对此进行了拓展，强调推动殖民者、契约仆人和被奴役者行动的多元思想。

美国和法国的革命事件进一步影响了西欧人和欧洲裔美国人对人和器物的力量、意义和价值的观念。受启蒙运动启发的美国独立思想引发了关于身份的基本思考，最终在颠覆“每类身份划分的同时，演变成了担忧这些划分的变化性和不合理性”。北美殖民地人民对获得消费品（的权利）和渴望成为独立的动力。英国对茶叶、纺织品和其他消费品等进口商品征税，促成了一种殖民地共通的革命语言，在大西洋沿岸的殖民地中因相似的物质需求产生了一种“想象的社区”身份。支持美国独立使商品具有了政治色彩，也使生产这些商品的工作具有了不一般的意义。因此，家庭制造的产品体现了为社区作出生产贡献的道德观。

取得独立后，美国人开始着手创建国家经济和国家身份。美国共和党人追求美德，渴望理性和情感合二为一。在杰斐逊的政治理念中，自给自足的农民是美德的化身，他们没日没夜地为生产和改良土地辛苦劳作。他们的妻子和母亲为一家人做饭，即使这个新成立的共和国未赋予她们政治权利，但她们在这个国家发挥着同样重要的作用。性别、种族以及地区文化和价值观与国有化的阶级结构、价值观和身份相碰撞，加深了新国家运作的复杂程度。在美国南方，基于奴役劳动的农业系统实行资本主义已经有几十年的历史。截至1830年，种植园的农民为了寻找更便宜、地力还没有枯竭的土地而向西迁移，他们带着近25万被奴役的非洲劳动力与他们同行。

美国北方也形成了新的城市资产阶级，由商人、律师、工匠、乡绅和早期的制造商组成。他们通过自己的房屋表达自己的理想和目标，建造了简朴、低调的古典建筑，示范地方特权和公民美德。这些建筑获得了历史合理性，也象征着竞争和与大西洋国家之间的联系 。

为了抵制由英格兰传过来的工业现代化，共和党政治理想主义者也调整了其改良理念，以重建城市和乡村之间的经济和社会联系，并用于提高利润和提升道德。作家们笔下，美国步态不稳地从荒野状态进步到耕种阶段，达到了开化农场的最高形式。新英格兰农村房屋出现后院，就体现了这种改良主义。路维斯·昆廷（Lewis Quentin）认为："这种住房改良使得人们将房间合理分配，使工作间和家庭区分开来，这样生活和工作就不会直接影响或连累另一个了。"这样即使恶劣天气或天色已晚，他们仍可在室内加工乳制品和其他农产品。他们这样做并没有扰乱启蒙时期古典建筑形式的双边对称性。那些建有第二层的建筑为家庭雇佣劳动力单独准备了一条路径，让他们无需经过前厅即可前往工作区域。院子也被划分为前院、庭院和谷仓，它们比之前干净整洁和井然有序，这"展现了一系列的道德、政治和经济特征，具有广泛意义"。

19世纪的前半叶，新英格兰家庭转变了生产和消费策略，为商人和店主融入当地经济创造了前所未有的机会。他们通过宣传这些商品的转化特性和消费文化，确立了新国家消费全新商品的合理性。农村商业化进程的开始促进了地方交换的转变，并扩大了商品在日常生活中的作用。商业被理想化为道德和文化提升的媒介，可以为新共和国的公民带来文明世界的产品。

18世纪末19世纪初，许多农户购买商品时除了考虑实用性、产地，还越来越注重时尚。然而，大卫·杰菲（David Jaffee）指出，即使他们为了看起来更有教养而偶尔会追求更昂贵的商品，但"这并没有使人们的生活被消费所支配，也没有改变农业生活的社会或经济结构"。地球仪、地图、书籍、镜子和机械设备确实提供了新的视觉形式，这对提升自我修养至关重要。它们扩大了启蒙思想对18

世纪末19世纪初美国农村的影响范围。

特别是在北部，消费品渗透进农村地区，扩大了家庭生产、地方信贷和非现金交换网络的覆盖范围。“随着交换关系网络在农村被广为接受，本地需求和机会与来自更远距离的需求之间的关系更加紧张”。到19世纪20年代，没有土地的人带着信贷和债务向西迁移。到19世纪40年代中期，新英格兰的店主迫切需要现金交易以缓解日益严重的债务危机。这种不断增长但处于挣扎中的经济促成了更大社会结构的变革，标志着农村资本主义的诞生。

在独立后的半个世纪里，美国城市的变化也开始加速。工作空间和家庭空间的分离改变了家庭构成，并最终推动了城市和社会的结构转型。以纽约市为例，这一过程始于18世纪90年代，到完成时，该市的人口增加了三倍多。随着手工艺学徒制被废弃和劳动力商品化，城市无产阶级得以形成。在19世纪的前几十年里，随着保险公司、银行和运输公司建立，美国的大城市中经济变得多样化、专业化和专门化。住宅区和商业区分割开来，出现了阶级分化的社区。

戴尔·厄普顿（Dell Upton）解释了这一时期“美国人及他们所在的商业化城市遭遇的诸多颇有特色的暗喻”。他将共和主义定义为关于自我在空间中的话语。人类心理学的唯物主义理论为人们所接受，人们开始相信物质文化在性格形成和社会定位中的作用。一个非常重要且被人们广泛接受的隐喻是将健康的体魄、有德行的人士和有序的空间密切联系起来的；事实上，每一个理想都归属于一个物质领域。网格化也成为比喻，使公民能够对空间进行分类和分割，通过理性控制塑造秩序，创造统一。网格化使公民能够“通过他们对社会有益的行动来创造理想的城市社会”，并保障公民在他们自己的领域内自由行动。但是，网格能够被打破而且已经被突破了，无论是从具体层面还是感受层面。流行的瘴气理论显示无序的空间会助长疾病的发生和道德腐败。随着美国城市的快速变化和发展，人们的焦虑和文化问题日渐加重。

1812年美英战争之后，资本主义企业家将机械化生产扩展到木材、铣削和锻造行业之外的行业。他们逐渐采用机器来减少生产商品所需的劳动，学习机械技术便成为许多人日常生活的一部分。企业家和工匠们建立工厂来使用动力机械制造一致的商品，虽然到19世纪后期他们才通过机械化实现真正一致。尽管如此，早期的工厂确实通过将生产流程整合到一个地点，并将流程划分为一系列简单化和机械化的步骤，提高了生产效率。工厂内有的工作内容枯燥、重复，会让人身体不适，也有的工作需要脑力，程序复杂。这都要求工人们保持耐力和注意力集中。工人们的工作必须与机械化的生产过程同步，以免中断生产，这造成了紧张的工作环境。工厂通过监视那些抗拒新工作模式的人来使他们达到新工作制度的纪律要求。

机械化也以其他方式影响了人们对器物的看法和他们与器物的关系。早期的工业生产系统需要专门的工具和制造程序来生产器物，形式和材料密不可分地联系在一起。更深刻的影响是机械化、标准化的生产“产生了一种新的思维方式，即把同一性当成美德”，把变化看作令人不悦的、难以预知的、不可控制的事物。在手工制作和机械化生产中，另一个根本区别在于制作者和器物的关系。在机械化生产中，制作者使用材料过程中的创造性空间被剔除，创造性被调整到制造环节开始之前的智力设计中去了。

很快人们开始美化工业技术，目的是将其融入共和文明。设计和装饰中融合进实用性和美感，这使人们将机器视为艺术，赋予它西方文化的中心地位。精心设计的机器旨在引起美国资本家和消费者的愉悦和情感上的共鸣。精湛的技术使得机器生动起来，得到人们的喜爱——高效、超越人类认知、令人惊叹，可以不停运转——就像一个有生命的人一样。

格兰特·麦克拉肯（Grant McCracken）推论说，18 世纪和19 世纪“西方关于时间、空间、社会、个人、家庭和国家的概念”的变化都是由消费革命引起的：

因为以前男人和女人曾经希望从父母那里继承的东西，现在都想自己购买；曾经是根据需要购买东西，现在是什么时髦就买什么；曾经买的东西可以用一辈子，现在可能要买好多次。

经验和创造力变成了人格、个性和自我实现的基石。麦克拉肯和卡里·卡森一致认为，在一个越来越没有特色、按所担当角色区分的社会中，器物必须拥有新的地位。资本主义混淆了社会关系和商品，把它们都当作“东西”或器物，在新品味和操纵品味的手段之间形成了辩证关系。继承的器物被除去了财富和权力象征的光环。

可以说精英们成了时尚的俘虏，他们不断地创新、更换并越来越频繁地消费以满足自己对优越的渴望。自我完善也要求他们重新分配时间来工作、学习、消费、社交和休闲，重新分配空间以满足隐私和差异。遵守时间、健康状况良好、不断自我提升、对世界充满好奇心、欣赏自然景观、时尚、展示和交际能力等，都促成了一种新的贵族爱好——快乐旅行。

19世纪中叶，新奇事物继续吸引着旅行者和消费者。人们认为器物具有三个维度的功能：审美、社会和矫形。在机械层面，紧身胸衣和椅子等器物控制着人们的行为。出现了大量用来订购消费品的分类方式和容器。像时钟、手表和照明设备等器物重新定义了人与时间的关系，成为抽象化、标准化和规律化时间的象征，也促成人们制定一些纪律，用来重新组织日常生活的节奏，并推迟夜晚真正开始的时间。人在器物表面留下的痕迹也使得家庭主妇们每天非常忙碌，忙着贯彻清洁的教化。塑造自我需要字面意义上的照见自己，观察自己——镜子、写字台、睡袍和日记本等商品就成了推动自己物化的工具。

人们对于空间的观念和与空间的关系同样发生了变化。蒸汽船和火车等机械运输工具运送人员和货物，而电报使世界各地几乎可以即时通信。19世纪20年代和30年代，美国快速发展的城市中开始出现中产阶级，他们以获得社会尊重、有仪式感和追求私人空间圣洁而著称。在家里，在街道上，这些城市化和工业化的环境“塑造了一种尽力避免难堪的环境，人们对可能出现的粗鲁行为更加敏感”。这些来自社会的压力敦促人们循规蹈矩，要控制自己的行为。遵守礼仪规范能缓解这种压力，即身体自律，控制某些活动，避免吸引注意。

还有一些其他原因和机构塑造了这一时期的公共氛围和社会交往的原则。零售空间以及购物的观念和做法正在发生变化。商店的内部空间为男性（卖家）和女性（买家）之间的交流提供了私密环境。社会变革和消费长期相互影响，随后引发了一个新的消费空间：百货公司。

博物馆的性质和目的也在发生变化。国家博物馆推动了政治和知识乌托邦式的假想项目，从早期的类似现代珍奇屋功能转向陈列更多依据经验得出的评估结果，并按照新兴的科学范式进行布局。博物馆承担的职责包括“描述自然世界，并通过分类将自然世界按知识排序，然后传播关于公民生活的物质世界的知识”。帝国征服过程中收进博物馆的藏品规模惊人，这带动了科学博物馆数量激增。

19世纪上半叶，以约翰·洛克（John Locke）和大卫·休谟（David Hume）为代表的英国经验主义传统为杰里米·边沁（Jeremy Bentham）等哲学家提供了推广科学经验主义所需的知识土壤。边沁提议的圆形监狱（panopticon）展示了在新兴全球经济秩序下治理和改革世界所需的空间形式。圆形监狱通过自我监视的同时使纪律和自律相结合。新监狱使用了全景式的“良好的空间”，重新定位了在这一空间中的人，从而将被监禁的人重新塑造成负责任的、有道德的个体。在这些新制度下，监狱看守通过常规化的移动、交流、活动和时间系统就能实现对犯人的改造。

19世纪中期的美国，中产阶级和城市精英家庭中的白人男性在市场经济的背景下承担着其家庭的经济福利责任。与此同时，暴力动乱动摇了美国基督教。第二次大觉醒的复兴活动使美国人最终变得团结，从而减少了经济革命和制度重组带来的不安定因素。复兴的新教与挑战极端理性主义思维的浪漫主义密不可分，在对自然的深刻敬畏中为女性提供了集体的情感体验和精神愉悦。宗教改革，包括福音派对穷人、移民、被奴役者和酗酒者开展的慈善活动，使人们更加相信这些活动是适合女性的“公共”领域，自由主义神学更是将家庭明确划为女性自主的社会领域。

凯瑟琳·比彻（Catherine Beecher）1841年撰写的《家庭经济论》

（*Treatise on Domestic Economy*）是第一本为这种“精神化、专门化和政治化的母性观”提供完整的行为和意识形态论证的手册，被称为“真正的女性崇拜”和“家庭生活崇拜”。基督教制定了家庭生活的基本原则和女性规范，即女性应追求基督的“克己奉公”、仁善，保持虔诚、纯洁、顺从和热爱家庭的美德，将家务、育儿和顾家作为自己的道德责任。对后来的女权主义者来说，这种规范性论著真实地刻画了女性作为家庭中“人质”的状况。

比彻鼓励女性在自己家庭中制定一种经济制度，保持对家庭的控制。女性应该明白，她们是在培养接班人，好让他们能够完成“需要使用最高智慧来履行的最重要、最困难、最神圣和最有趣的职责”。比彻强调时间管理和节制物质消费的重要性，引导新兴中产阶级通过借鉴彼此一样的家庭习俗、劳动关系和家庭消费来树立新的身份。

英国维多利亚女王统治时期（1837—1901），一套新的价值观取代了旧贵族的传统，这些价值观的出现与不断壮大的中产阶级推行的商业主义更加密切相关。在美国，也许没有什么比加州淘金热更能体现这个西方国家对财富及其回报的追求了。1848年，约翰·萨特（John Sutter）发现了黄金，这引来了来自美国东部的大规模移民以及来自德国、智利、墨西哥、爱尔兰、土耳其和法国怀抱财富梦想的全球移民。最终，美国西部探测到贵金属后，成千上万的人前往加利福尼亚去寻求财富。为了满足加利福尼亚和其他地方对家庭住房的大量需求，改革者将新兴中产阶级的价值观广泛普及，并将家庭作为一个有凝聚力量的神圣象征加以推广。维多利亚时代的人们有别于资产阶级的经济生活圈层，他们注重家庭私密感，把家用栅栏圈起来，实现自己与外界的分隔，对自己的家庭也起到一种保护作用。

维多利亚时代的意识形态中，住房既是一种交流方式，也是一种能带来变革的理想化事业，旨在激发“道德、虔诚、爱国主义、秩序、稳定、感情、智力、教育、纯洁、精致和纪律”。女性的天性为家庭环境提供了纯洁的情感和灵感。房屋的布局不仅调解了自然和文化的关系，还调解了男性和女性、公共和私人、年轻人和老年人、工作和休闲的关系。改革者设计的房屋也体现了天主教徒重视的秩序、纯洁、快乐、工作、权威、阶级稳定、宗教、精致和种族认同。

中产阶级妇女应对家庭的圣洁负责，其中一种方式是通过陈列宗教物品，这些宗教物品代表着日常生活和家庭中无所不在的神性。这些环境决定论的观点证明，创造良好的环境对培养道德高尚的孩子至关重要。在此影响下人们购买越来越多的家用商品来创造健康的家庭环境，特别是对儿童而言。童年的新定义构成了家庭生活的另一个方面，对幼儿的教育“从‘语言和思想的世界’转向‘物质的世界’”。出现了大量针对不同年龄和性别探讨儿童房设计及房间布置时应该避免哪些事物的书籍。

美国和英国新兴的“消费生活方式”脱胎于器物和个人之间的关系。例如，1861年，伦敦化学家威廉·克鲁克斯（William Crookes）在为迈克尔·法拉第（Michael Faraday）广受欢迎的讲座《蜡烛的化学史》（*The Chemical History of a Candle*）撰写的新版序言中这样写道：

祭坛上巨大的蜡烛，街道上的煤气灯都有着自己的故事。如果它们能说话（能按自己的方式说话），能讲述它们如何给人类带来慰藉，促成人们对家庭的无比热爱，辛劳付出，全情投入，它们的故事真的会温暖我们的心房。

克鲁克斯对蜡烛唱的这首颂歌集“独特的……维多利亚时代的科学权威、可敬的家庭生活和大众广告于一身”。营销人员和广告商也赋予了时尚器物更多细微的意义，包括道德含义、美学和种族特征。器物反映了维多利亚时期器物拥有者的思想，家居也成为陈述自我的有力工具。“精心设计的器物系统……是维多利亚人理解自己和自己在世界中的位置的关键”。

维多利亚时代的中产阶级家庭与精英家庭既有相似性也有差异性，在家中建立了等级制度。房子前面的正房和客房是给家人自住和客人住的；后部的房间是给仆人住的。装饰品的等级也代表着这些空间使用者的“价值”。事实上，权力在家庭的全部物质关系中发挥着作用，在家政人员的制服和呼叫铃中，在收藏的来自过去和遥远的地方的外来物品中，这些物品被买卖而离开原来的环境，被赋予了能够塑造它们的新资产阶级所有者的能力。文化生产和文化声望进入到会客室的交谈中；家具套件体现出阶级和性别方面在等级、结构上的不平等。关于光线、运动和反射的审美将维多利亚时代的家庭与欧洲的宫廷文化联系起来。家庭在这些空间的日常生活中展示了人们期望的优雅和高贵、控制和文明。渴望留住记忆、维持各种联系促进了摄影的发展，也使得人们把收集和展示器物作为塑造自我的工具。展示个人和家庭经历的纪念品也成了女性组织家庭生活的重要内容。处理、分享和摆弄照片突出了它们作为器物的价值，那便是让“观赏者真正接触那些被铭记的人和事留下的痕迹”。

用餐被赋予了更高的价值，不仅仅是因为它不可或缺，同时用餐也代表着高度文明的行为，这种行为使人们比其他生物高级，同时将一些人的身份凌驾于其他人之上。通过一日三餐，女性把新事物融入到新的家庭传统之中，这个传统与女性自己所处阶层的理想有关。于是涌现出了大量更专业化烹饪的课程、更精致的菜肴、更多样的原料和配套的餐具。餐厅也以19世纪西方世界盛行的“捕食”为主题，庆祝男人作为猎人和养家者的身份。固化的男性经济价值抵消并平衡了一成不变的女性价值以及她们为养育家庭、维持社区关系、保持家庭完整和联系的付出。今天，这种餐厅布置意味着摧毁景观、屠杀和灭绝动物以及对不可再生资源的掠夺性消耗；简而言之，这种意识形态意味着允许过（可悲的是，仍然允许）有权有势的人通过殖民行径掠夺世界甚至其他人的心态。

资本主义农业家庭和牧场家庭按照自己的条件来平衡这些价值观和美德。对他们来说，“农业阶梯”代表的等级制度正如他们所想，是从农奴到农场主的权力等级体系。他们重视监管、秩序和制度、记录和账目、效率和利润；所有这些都对农庄设计产生了影响。农村房屋计划的提案明确规定了厨房作为农业和家庭交会处的重要性。19世纪50年代开始，至少在美国东部，农场主家庭开始在农场里单独为工人提供住宿。不让工人住在家庭住宅里，增强了家庭隐私和阶级分离。19世纪下半叶，消费主义和物质主义在城市中产阶级和农村家庭之间造成了紧张关系，这种紧张关系在他们各自的家中有所体现：那些平日里清闲自在，散发母性光辉的女性生活在理想的家居环境中，周围的东西琳琅满目，而农妇则要么在厨房里忙得热火朝天，要么舒舒服服地躺在起居室里。最终，起居室演变成了客厅，起着铁路邮购处那样的用途，报纸和杂志使农村妇女可以接触到客厅文化，尽管只是以简化的、非正式的形式。

地区和教派、阶级和职业，使基督教教徒生活世界的概念发生了变化，这些变化在关于资本主义、家庭生活和维多利亚时代意识形态的一般描述中并不突出。例如，中大西洋卫理公会最初拒绝使用世俗的商品，在所有消费方式中都体现出禁欲主义，直到19世纪中叶之后才放松了严格的规定。在阿肯色州的奥扎克乡村，美国内战之后盛行企业精神、有机结合家庭和社区要求的生活保守主义，为此各个家庭购买炉灶和罐头瓶等商品以维护这些价值观。消费者的选择不断调整。农业设备导致人们对工业秩序过度依赖，而这种依赖带来的后果需要人们谨慎思考。

事实上，工业化、社会改革运动、移民、乌托邦思想和内战都要求女性承担起家庭生活之外的责任。原本用来节省时间和劳力的家用机械设备和家庭工具伴随着对清洁、卫生、优美装饰的高度期望，以及用工具代替家佣，最终导致了许多女性在家里的工作不减反增。

制造商不仅将商品和家用生产工具机械化，从 1855 年开始，农作物生产也实现了机械化。自诩有进步思想的农民为了利润而致力于改良。许多人选择接受技术创新、科学实验和土地管理实践。硫化橡胶等合成材料在这一过程中发挥了重要作用，并取得了巨大的商业成功。在化学实验室开发的合成材料彻底改变了材料生产和它们所呈现的商品，标志着一个征服了自然的“勇敢的新世界”的诞生。

在此期间，哲学家及经济、政治、社会和文化理论家对资本主义经济带来的巨大生产能力所产生的矛盾效应既着迷又担忧。技术对人类社会生活的影响使人们充满了矛盾情绪。“新的商业、工业和民主文明使人类更加堕落，他们的生活更加恶劣”这种看法越来越普遍。西方人缺乏对远方其他人群和人类整体的关注和爱。社会改革运动，例如查尔斯·傅立叶（Charles Fourier）的乌托邦社会主义（utopian socialism），就建立在性别平等的概念之上。像铁路这样的工业技术将器物、人和社会联系在一起，形成一个支持当代乌托邦社会实验的关系网。在美国，亨利·大卫·梭罗（Henry David Thoreau）很早就是物质主义的反对者，他认为价值观的颠覆是物质主义更严重的后果之一。他认为像服装这样的事物标志代表着社会差距，这使美国人拼命追求时尚，并减少对非物质、精神和个人内在的关注。新教神职人员和教徒也发出批判的声音，他们把功能看得比外表更加重要，拒绝关注外表，认为外在的东西即使没有违背道德，也是肤浅的。

到19世纪70年代，现代企业结构已逐步取代了早期企业家族和合伙企业结构，对资本主义的批判也日益扩展和深入。卡尔·马克思（Karl Marx）和他的同事同时对资本主义和商品化发出最有力的批判。马克思写道：“人类有在生产中改造物质世界的能力，人类是这个能力的产物，在改造物质世界的过程中，我们创造了自己。”劳动就是人类通过有意识地“改造无机自然界”而创造器物世界。资本主义打断了这种生产循环，而在这种循环中，我们才实现了对自己身份的理解。商品——基于货币价值交换的物品，是一种社会结构——本质上是在资本主义制度下对工人阶级剥削的历史性表现，是对独立劳动的物化。意识形态十分重要，它促成了“（通过商品）

创造了令人可信的意义世界……隐藏了日常工作生活中的剥削或不公平现象”。

马克思支持这种看法，提出在工业资本主义制度下，工人只是选择向谁出卖劳动力。随着资本家使用机器来提高生产力和增强劳动强度，无产阶级工业生产技术应运而生。资本家用机器来控制劳动。资本主义生产助长了权利不平等和无偿使用剩余劳动力的现象。这就是对崇拜商品的缘由：“工人创造的商品越多，他们的劳动力就更加廉价。”马克思认为商品是“一种特殊形式的存在，似乎是从器物本身散发出来的一种神秘的让人迷恋的力量”。工人们满足于自身生产的商品，从而忽视了自身与社会的脱节，认为自己和其他阶层的消费者一模一样。因此器物使工人阶级产生了一种错误的观念。随着生产者和消费者之间差距的增加，双方只能从器物中了解对方。

查尔斯·达尔文（Charles Darwin）的《物种起源》（*On the Origin of Species*）（1859）提出了有关生物进化的科学理论，该理论很快影响到了物质文化和人类社会。达尔文表示，生命是对“物质缺失”的适应。19世纪70年代，马克思引用了达尔文的观点，提出要研究人类技术的进步。

与物质一样，人也是如此。人类曾被粗略地划分为“原始的”和“自然的”或“文明的”和“开化的”。19世纪70年代，皮特·里弗斯（A. L. F. Pitt Rivers）提出了一种线性的、有进步意义的文化演变模式。帝国主义制度下，不同的民族被置于一个连续进化的不同阶段。这种构想出来的人类进化理论使种族差异合理化、自然化，成为了科学种族主义的基础，并使现代商业化国家对其境内境外少数民族的“监督”合法化。

例如，美国内战后，白人男性至上主义盛行，白人群体进行了基于种族分化的重建。人们越来越多地根据年龄、性别、健康或残疾、犯罪行为和经济手段，对公民进行分类、隔离和惩戒，社会达尔文主义使这一切合理化。

从1851年伦敦大博览会开始，国际展览、世界博览会和工业博览会产生了一种新的大众消费模式，刺激了远程旅游。这个过程满足了民族主义、帝国主义的优越性和资本主义的贪婪。通过他们创造的乌托邦式的梦境，这些科技奇迹既加强又模糊了促成这一切发生的权力之间的关系。随着美国参与进物质主义的探讨，一种单线性的进步意识形态也开始出现在国际展览中。对从新殖民地搜罗来的物品的展览推动了帝国的议程，使其更有权利对殖民地人口进行剥削和贬低。19世纪后期，展览的范围和规模都有所扩大。主办方和设计者将展览用来示范现代城市规划、建筑形式、功能、美学，甚至社会治理。在美国城市中，城市改善和公共工程成为了标榜“商业社会伟大”的纪念碑。

除了各地的博览会，当地的旅游节目还向更多的受众传播科学民族主义和帝国主义。早在19世纪40年代，巴纳姆（P. T. Barnum）就将科学与表演联系在一起，在美国各地巡回演出“畸形秀”。巴纳姆和其他表演者将美洲原住民和其他外来民族纳入他们的表演，让观众与来自世界各地的人和动物亲密接触。文化历史学家珍妮特·戴维斯（Janet Davis）表示，美国马戏团使“具有观赏性和新颖性的表层教育提升成为现代娱乐的一个组成部分”。马戏团和国际展览对人体、性别、种族和阶级按级别进行了分类，它们也成了怀念“外来”文化的场所，这些文化正在现代化的同质影响下逐渐“消亡”。

19世纪末20世纪初也被看作“博物馆时代”的顶峰时期。博物馆的数量增加，特别是那些致力于展示文化器物的博物馆。它们的使命是为西方社会提供正确的器物课程，西方社会正在从精神时代过渡到科学时代、物质时代，从生产社会过渡到帝国主义消费社会。馆长们采纳了进化论思想，在进步和文明的等级制度中，将非西方文化器物化和边缘化。博物馆成为“在历史嬗变中，回顾过去，展望未来”的窗口。

理查德·福克斯（Richard Fox）和杰克逊·李尔斯（T. J. Jackson Lears）在对19世纪末和20世纪美国消费文化的影响研究中列举了美国在此时期的三大发展：第一，包括公司、机构专业人士和管理人的“阶层”出现，以及公司结构形式普及；第二，国家调控下市场的成熟；第三，一种有关释放、享乐主义和自我实现的新哲学信条出现。物质文化史学家托马斯·施勒雷斯（Thomas Schlereth）将这个时代的现代化归结为“工业生产、商业农业、技术革新、资本积累、市场经济、城市意识、官僚组织、技能专业化和强化教育”。

技术系统——电力、生产、分配和通信——增强了人们之间的相互依赖性。洛克菲勒（Rockefeller）、杜邦（du Pont）和斯坦福（Stanford）等资本主义“工业领袖”率先大规模合并民族企业，促成了美国社会的第二次转型，相当于最初的工业资本主义。他们敦促乡村社区实现现代化、统一化、制度化，并提高了公民的生活效率。企业广告商推销的消费文化威胁到了传统权威，削弱了当地的社区结构。

莫娜·多马什（Mona Domash）对这一时期美国商品的研究提

出一个问题："美国百姓是如何做到认为美国在世界大部分地区的经济主导地位是自然的、不可避免的，本质上是好的呢？"国际化进程需要更大、更复杂的公司结构，同时需要资本来投资工厂、维持公司官僚机构和广告业。国际展览为美国的首批国际公司提供了一个重要平台，使它们通过分享工业化的益处，将自己定义为文明开启者。这种身份带来了各种知识，也重视起其他民族、国家、文化和地区。从19世纪70年代和80年代开始，随着内战后内部需求减少，美国参展商将机器和工业商品标榜成"和平的伟大结晶"。胜家公司（The Singer Company）就是一个很好的例子。在参展作品中，该公司通过图像、以家庭为灵感的建筑和室内设计，以及对女性在家庭中位置的描述，来宣传缝纫机的女性化和文明化特征。这些元素共同传递了一个明确的信息：通过适当的家务来实现家庭内部的文明，而通过缝纫的"文明化效应"来实现外部的文明。

弗雷德里克·J. 特纳（Frederick J. Turner）在1893年《美国边疆的历史意义》（*The Significance of the Frontier in American History*）一文中提出的"边疆主题"，宣称美国人的边疆性格具有例外性，推动了蛮荒地区的开化与文明。麦考密克收割机公司很快就利用了这一观点，并将其与进化论结合，作为其品牌的基础：通过农业驯服荒野；随着机器从原始状态进化到文明状态，社会也发生了改变。机器通过改变男性和女性的劳动性质而普及文明。这种意识形态推动了该公司在美国境外的帝国主义扩张。

包括美国科学家和逻辑学家查尔斯·皮尔斯（Charles S. Pierce）在内的西方社会思想家也在19世纪后期通过反对理性主义和实证主义来支持"依据生存体验来思考"，从而影响了美国的意识形态。著名的英国艺术家和社会哲学家约翰·拉斯金（John Ruskin）认为，美是自由的体验。他认为，艺术和自然之美有能力改变人们的生活，这些人更多是受到视觉无知的影响，而不是因为物质条件的缺乏。拉斯金对19世纪哥特式复兴（Gothic Revival）和20世纪建筑和设计中反对宗教复兴风格的实用主义风格产生了巨大影响，他的思想为艺术和手工艺运动以及平稳手工制品的价格，消除对器物的迷恋，提供了主要灵感。浪漫的技术乌托邦主义诱使人们去设想一个完美的世界，在这个世界中，精巧的机械用来征服自然，造福于人类社会的繁荣和休闲，帮助“更多男性（而不是女性）实现浪漫主义关于创造力和自由表达的愿景”。

当代观察家认为积累和展示之间的联系是美国生活变化的基础。拥有丰富的商品使人们生活更轻松，这是衡量“进步”的标准。时尚理论家们一直在寻找某种方式，来组织和控制商品传播带来的负面可能性。寻找过程中发现简单与奢侈、真实与伪造之间的对立无处不在，他们达成的私下共识是对真实性或伪造的过度关注可能会引发灾难性后果。结果之一就是，维多利亚时期的体面之下是紧张的矛盾心理。

然而，在19世纪的最后几十年，人们越来越意识到休闲和消费成为了纪律严明的工厂或官僚劳动中实现自我价值的手段。新的照明技术保证了一年到头展示和装饰活动无论白天黑夜都得以进行。它们是融合的、超现实的——融合是因为它们将宗教、世俗、民间和外国神话都用于商业目的；超现实是因为它们赋予了人造事物和物质世界甚至城市空间以生命。

商业设计师将想象力中即兴发挥的能力从自然和宗教事物转移

到人造事物和世俗事物。他们努力追求戏剧效果和新的吸引点，用伪装或者将它们转化为其他事物的方式系统地诠释商品和商品环境。

无论是在商店、乡村博览会还是从新的邮购目录中购物，都体现了“商品美学”。这种美学构建了一种自我认知方式，把自己、社会和世界看成一个原始或空旷的空间，需要用流动的、可交换的商品来塞满。商品美学也推崇购买时被打破的个人和商品之间的界限。

很多美国人抵制唯物主义或对物质主义持缓和的态度。一些人把自己孤立在社会主义或共产主义思想建立起来的阵营内。还有一些人即使接受了这种意识形态，也没有办法按照他们自己的意愿来消费。大多数人拥有其他价值观，他们的心理是矛盾的。保罗·马林斯（Paul Mullins）认为，种族主义激发了19世纪后期消费文化的基本矛盾。多马什提出，美国白人接受了一种“灵活种族主义”（flexible racism）的意识形态，这种意识形态的基础和意义是帝国扩张所带来的大量商品和广告的激增。这种意识形态把“未开化的他者”视为可影响的潜在消费者，他们可以通过接触西方商品而被改变。

马林斯分析了与非洲裔美国人有关的消费主义。他的结论是，“非洲裔美国人作为劳动者、营销者和消费者，是消费的中心，但非洲裔美国人在消费方面的中心地位及其对白人主体性的印象受到了美国白人的回避或忽视”。一些非洲裔美国人认为消费是一种与劳动和公民特权相关的特权，因此代表着公民身份和愿望。然而，对所有非洲裔美国人来说，消费过程需要不断地与现存的种族主义的结构性矛盾进行协调。事实证明，消费为满足欲望和愿望提供了可能性；同时受到品牌和品牌营销的制约。

非洲裔美国人不仅仅通过消费来对抗美国白人19世纪末对他们

持续施加的结构性种族主义歧视和性暴力。在南方农村，佃农耕种是一种新的经济剥削形式。非洲文化中关于器物和人之间的关系经过了几代人后受到了修正和调整。这种文化传承构建了一个由精神保护、宇宙论导向和铁等物质力量构成的世界，从“土地”转向强大的工具。巫师试图通过药水、符咒和咒语来控制他人的健康和行动。与人关系最密切的器物具有最强的魔力，因此也最有用。

19世纪末，来自南欧、东欧和其他地区的移民将其他物质至上主义的观念引入了美国的多元文化。中产阶级普遍以蔑视、恐惧，并以一种高高在上的态度作出回应。他们对这些“外来”移民形成的看法——即使没有实质接触——使美国中产阶级也形成了排他和边界分明的世界观。一些中产阶级女性参与了一场旨在激励移民和工薪阶层女性的广泛的国内改革运动。她们不仅代表自己，也代表其他女性，努力使家务劳动专业化，帮助改变维多利亚时代人们对女性的看法，模糊了“私人＝女性”和“公共＝男性”的意识形态界限。在此过程中，她们还改变了城市空间规划，转变了物质文化，为烹饪学校、公共托儿所和幼儿园、游乐场和住房合作社创造了新的工具和设备。

在这一时期，职业女性和有闲女性重新确定了美国关于消费、个人主义和异性社交的观念，但下层阶级和移民女性不愿全盘接受白人中产阶级的理念和志向。相反，她们（移民女性）在接触“新女性”意识形态时精心打造了个人风格，这种意识形态“给女性在公共领域的活动提供了一种新的女性自我意识，使她们成为独立、活跃、性感和现代的女性”。年轻的劳动女性“摆出了架子”，对身着高级时装、富有的女性也表现得漫不经心。社交俱乐部、舞厅和游乐园等商业娱乐场所及街道成为工薪阶层青年社交和文化交流的场所。

我用年轻劳动女性“摆出架子”的形象来结束本章的正文，以强调“器物性”的确存在于器物和人之间。1790年至1840年只是本章所涵盖时段的三分之一，杰克·拉金（Jack Larkin）这样描述美国中产阶级物质生活的变化：从前，人们的身体肮脏，共同睡在小房子里，几乎不停地生病，他们艰苦的日常劳动随着昼夜交替和季节变更而改变，将自己的大部分钱财用在吃穿上面，很少有钱旅行以及购买进口消费品；后期，技术和意识形态的变化使人们渴望更大空间来放置商品，保护更多的隐私，需要更干净和更健康的身体，增加更换衣服的次数，拥有更大的流动性，并努力寻求实现这种生活的方式。尽管许多人的生活确实出现了这种改变，但西方还有许多人——土著人民、被奴役者、无地者和贫困者并没有体会到生活条件的改善。

在本章研究的时期里，更多人愿意收集、持有、拥有器物，并焦虑于自己是否有获得器物和选择器物的能力。货币市场的扩大使器物的交换价值变得更加重要，器物也越来越能代表社会身份。机械化扩大了消费者与制造者之间的距离，同时也扩大了制造者与制造器物的材料之间的距离。随着时间的发展，消费者承认他们对商品可以满足的欲望有很大的变化。他们越来越难感受到惊喜和愉悦；维多利亚时代的消费者寻求更多具有异国情调、技术复杂的新材料，甚至是合成材料制作的器物。新器物以及生产和消费器物的做法，控制和调解了人们与时间和空间的关系。也许最深刻的变化是对工作和家庭在时间和空间功能性上的分割，以及幻想和开始重视休闲时间，虽然这些在今天的我们看来是最自然不过的。

现在，我们认为将“工业时代”的这些变化看成是19世纪进化论者让我们相信的线性和渐进式变化过于简单了。资本主义和启蒙运动的科学和技术使物质世界日益合理化、有序化，即对器物和行为进行划分、分类和创建分类标准。渐进式的单线进化吸引了西方人，他们把文明、教育、绅士风度、基督教美德和对资源的控制与文化进化成就的高度联系了起来。然而，与此同时，器物的物质性日益差异化和变化，产生了多种甚至是不同的参照和联系。工业时代器物性的差异促生了精妙的关于社会关系的文化话语，这些话语今天仍然存在。

第二章

技术

蒂莫西·斯佳丽和史蒂文·沃尔顿

引言：关于技术；关于器物性

器物的创造、使用以及遗弃都有其文化历史；但同样，用于生产器物的技术也有它自己的文化历史。技术历史学家和考古学家都已深入研究过器物的发明创造、创新和生产技术，也（用稍微短一点的时间）研究了人们对这些技术的使用、感知以及技术对人们的影响。本章关注器物的生成与转变，即18世纪下半叶到19世纪（这里指“工业时代”）出现了能够生产器物的技术。这一时期大规模生产和流水线还未出现，而流水线就是我们现在所说的“福特式生产”。一方面，这两种生产形式都跟过去有着很深的渊源。另一方面，只关注生产过程，无论在细节、深度与广度上都不足以解释器物是如何“产生”的。实际上，正是由于器物本身——以及人们对它们的巨大需求，才促使工程师在“工业时代”结束后开始开发流水线生产。

从某种意义上说，如果将“技术”视为人类能力的人为延伸，那么所有人造器物都是技术。毫无疑问，工业时代的古文物研究者和早期的考古学家是这样定义技术的，他们转变原来珍奇屋那样的摆设方式，开始构建器物类型学和年代表，以说明人类的分阶段进化模式。但从现代以及民族中心主义的角度而言，技术本身就意味着复杂而非简单，否则复杂程度就等同“机器”、“工具”以及“器物”的使用了。

尽管直到 19 世纪人们才普遍将“技术”一词与复杂的机械“技术”联系在一起，并且直到第二次世界大战之后才广泛使用。但英语中早在18世纪初就有这样的用法，将复杂的“人工建造的系统”称为“技术”，还专门给技术下了一个抽象定义来描绘18 世纪后期德语世界中复杂的机械类型——“技术是科学知识的一个新分支，或是关于有用的工艺和产品的理论和准确描述”。我们现在常常将技术与最复杂的、大多是数码系统联系在一起，这就模糊了技术与本章中所探讨的这个时期的呼应关系。对于工业时代，应该考虑到某些器物的子类型是如何被视为技术的。

历史学从多个角度研究技术。传统上认为，技术是从某个天才如爱迪生（Edison）、特斯拉（Tesla）、福特（Ford）的头脑或双手（有时是助手的双手）中产生出来的器物。有时它还是经济增长的引擎，最初指的是生产者的成长，如提图斯·索尔特（Titus Salt）或塞缪尔·斯莱特（Samuel Slater）设计的纺织厂能够生产多少匹布。后来，史学家开始根据商店里出售和购买的商品来描述技术，比如费城的万纳马克百货公司（美国第一家百货公司，建于19世纪70年代），或者是50多年前巴黎和其他欧洲城市的购物商场。这其中的许多商品都将成为某座精美而又凌乱的维多利亚式住宅壁炉台上的装饰。历史学家想过用进化论的观点来比喻“技术”，即不同种类及特征的器物互相争夺市场，适合生态环境的器物就会畅销，反之就会滞销。

规模、总量、范围与节奏

1760年的世界主要是手工制造的世界；而到了1900年，几乎全部都是机器制造。作为器物，机器揭示了从手工劳动到机器辅助生产，再到人类辅助机器，最后到仅由少数人监管的全自动机器生产这样一种复杂的“渐进式”转变（尽管最后这一部分超出了本章节所覆盖的范围）。总体而言，工作节奏加快，训练有素的工人按照机器的节奏进行生产，越来越多的工人加入到工厂生产者的行列。纺织机器的历史揭示了工作中缓慢而渐进的变化，而这种变化是人和许多其他非人力因素交织在一起促成的。这个时期的其他器物（如专利记录）提供了另外一种途径，与这种交织作用观点不同，提出“一枝独秀”的看法，由此加强了技术变革的非连续性均衡观点。尽管这种描述大致正确，但不全面。工业化在不同的生产领域、不同的时间和地点的发展都是不均衡的。此外，工艺理念及其实践随着工业生产的集约化和细分化而不断地创新演变。尽管面临着“去技能化”的压力，但1850年的英格兰比起1750年，拥有更多不同行业的技术更熟练的工匠，就是因为这一时期涌现出了更多的工业部门。即使在19世纪的最后10年，新兴现代社会最伟大的标志——电灯泡——仍然是由熟练的玻璃吹制工手工制成的。

在工业时代的150年里，生产商手中的资本越来越多，能够将更多的非人力资源应用到由工人操作的机器上，工人们工作的“工厂”与原来意义上的工厂截然不同。虽然在此之前有更为复杂的“散工制”，但在新厂房里和新的社会关系之下，资本家通过让更多的工人集中在一个强大的电源周围来获取大量的利益。更讽刺的是，这些工厂字面上是“手工制造场所”，而实际上可能是由水车、涡轮机、蒸汽机或最终由电动机驱动的，但它们让工人以尽可能更低的单位成本生产出更多的产品。随着人们不断争论不同类型劳动的社会价值，包括纯体力劳动或涉及管理、手工艺、科学、工程学或一些灵巧技能的劳动，这些工厂所引发的社会关系越来越复杂。他们不仅可以生产更大型的产品，而且生产私人定制器物也比以前容易。虽然真正的大规模生产直到20 世纪初才出现，但在18世纪后期就开始出现“大众化”消费了。越来越多的制造商从计件生产转向大批量生产，通过营销品味和时尚，大幅增加消费者对于小范围产品的需求，这些产品可以更便宜、更高效地生产，从而更广泛地用于消费。在这一时期，生产和销售往往同地同步进行。器物通过小商店进入消费者手中，但顺着分销网络的源头很快就能发现生产商。这些生产商就在自己的店面进行零售或批发，而他们制造的器物——盘子、锯子或梳妆台——可能是在店面后面的房间或楼上进行生产的。随着生产规模的变化，分销制度也变得更为复杂。

工人、技能与管理：工人变为器物

在工业时代，工厂主和资本家致力于将工人转化为器物，特别是技术器物。工人器物化过程复杂，途径和形式多样，而工人个体和整个工人阶级在为自己器物化的人格进行抗争。器物化过程中有一条非常重要的轨迹，即商业资本家早就开始了将人器物化的操作：建立种植园农业，将人的身体变成商品，种植园主肆意地压榨劳动者的体力和精力，获取资源，繁殖牲畜，满足性欲。然而，我们需要特别讨论的是，通过奴役工人，资本家可以强行组织劳动，把控具体手工技能，调动、挪用整个技术生态体系和社会技术体系，并规定其他组织的劳动。随着工业资本主义主导地位的上升，挣扎在这个体系中的人们的生活状况根本没有得到相应的改善。工业时代初期，资本家仍然主要雇用本地劳动力，并以家庭为中心，组织规模相对较小的单位从事生产。但随着工厂采取以水和煤驱动的集中动力供给，以及英国扩建了运河系统来运输原材料（包括发动机燃料）和制成品，工业家们开始接受一种思想——把以往分散的生产地点集中到一个“工厂”里，虽然最初工厂里不乏高级技工，但这种模式的经营需要大量资金来建造纺织厂或工厂，置办越来越多的生产机器。个体工匠被拉到一个“屋檐”下集中工作，并受到来自资本家的经济监督，即便不是工艺监督。这种转型首先发生在纺织业，然后在下一个世纪，扩展到几乎所有生产消费品的行业中。重工业，如钢铁厂，由于其基础设施和资源需求，转型的时间稍长。钢铁厂也是生产顾客定制的资本货物，而不是生产用于零售的消费品。

工业时代，随着工业资本主义取代了重商主义，其他类型的工人日益被器物化。正如卡尔·马克思批判资本主义演变时所指出的那样，劳动者失去了对生产方式的自主权和所有权，而资本家把人仅仅视为工具——组成劳动过程的工具。在实际操作中，工厂主和管理者竭力贬低工人的身家技能，而恰恰是他们凭靠技能设计的那些器物取代了手工劳动和有机器辅助的劳动（例如夹具、过端或不过端量规以及机械固定装置）。颇具讽刺意味的是，采用这些辅助设备的制造业生产之初通常需要更高的技能。随着这些变化，新的劳动类型出现了，如机械师、工程师、质检员、其他拒绝被器物化的高技能人才以及新的社会组织。

工人们可以通过这些社会组织集体发声以便提高工资，改善工作条件，合理计算工时。19世纪70年代，工会和熟练工人行业联合会在美国开始形成，使几十年前形成的劳动分工固定下来。拥有大量投资资本的大企业主通常自成阶层，而在工业时代早期，小型工厂如陶器厂和机械工厂的所有者，往往出身于能工巧匠。进入20世纪后，阶级差距急剧拉大。

到了工业时代末期，将人器物化为工具的最后步骤中，没有生命的器物起到了关键作用。包括闪光摄影技术在内的媒体技术，促进了管理信息的收集与分享，促成了系统化管理的兴起。19世纪70年代，艺术家埃德沃德·迈布里奇（Eadweard Muybridge）发明了一种摄影技术，可以捕捉并观察快速移动的片断，即用一系列计时的闪光照相机拍摄，记录下移动物体的连续图像。然后迈布里奇用他的“动物实验镜”投成动态的图片，这种设备类似于老式的频闪仪或使绘画动起来的设备。这项技术在接下来的10年里使宾夕法尼亚大学的工作量激增，在宾夕法尼亚大学迈布里奇创作了超过10万多张图像，其中一组镜头展现了各种形式的劳动：从家务劳动到工业劳动、锻造类劳动，甚至有一幅矿工挥舞镐头的自画像。他的欧洲同事艾蒂安-朱尔·马雷（Etienne-Jules Marey）把这个想法扩展至拍摄记录时间变化的图像。这种记录时间变化的摄影让人们重新思考动物和人类移动身体的方式，为操控工作场合中的身体移动提供了可能。

与此同时，19世纪制造业和商业的发展造就了经营规模巨大的企业。铁路和工业经营规模的迅速扩大和地域化细分超出了管理技术的能力。为了应对此类问题，职员们和越来越多的中层管理人员研发了各种实用的管理系统来追踪材料、工具、货运、人员流通和时间点；开发了各种可以利用技术产品进行解释的数据，包括标准化的打印出来的表格，将数据汇编到表格列表中，并汇编入账，以追踪记录生产成本、集中核算和协调产品质量管控。这些对器物的管控延伸到了办公室的设施，传统的秘书办公桌变成了一个复杂的相当于跟踪系统的分类架，用以跟踪整个工厂内部各个层面或（跟铁路一样的）网络系统内部的材料流通、产品生产以及人力分配。会计系统通过操作一些器物，就能保证从总部开始通过中层管理人员直达车间进行分层监督（图2-1）。这些工具使得大公司能够从工人的集体劳动转向计件工资制度。与此同时，公司创建了完整的程序系统来取代现有的临时方案，用以解决操作中存在的“人为因素”，因为他们试图影响工人的动机和对生活质量的关切。

19世纪80年代，机械工程师弗雷德里克·温斯洛·泰勒（Fredrick Winslow Taylor）分析了工具的使用效率，然后开始在工作区进行工作时间研究，目的是使工作时间分配更加合理化，使工作输出更有规律、更可预测、更高效。这些尝试的结果就是一组研究人员尝试将系统管理的数据跟踪系统规范化，最终将簿记和会计与时间-运动变化工程学相结合，并在20世纪初将泰勒的“时间研究”与弗兰卡·吉尔布雷斯（Frank Gilbreth）和莉莲·吉尔布雷斯

U. F. & P. C. W. W.

TIME CARD.

Date, 27 September 1886

ORDER.	MACHINES USED.	HOURS.
6939.		4
1075. B.		6½
		10½

F. Wolf .... *Workman.*

.... *Foreman.*

This card must be filled out daily with actual time spent upon work, and the machines used, if any, and dropped into the box at the Foreman's office provided for that purpose. *When Card is not returned promptly, no time will be allowed.*

图2-1　随着产业规模扩大，新出现的中级管理职员开始开发器物，以新方式帮助企业管理信息流。如上所示的是1886年某一天F.沃尔夫在联合铸造厂和铂尔曼车轮厂工作的考勤卡，可以看出他的10.5小时工时是根据两份不同的合同订单计算的，左栏是按照合同号做的索引编码

（Lillian Gilbreth）的“运动研究”联系起来。围绕这项工作形成的产业工程师群体开发出了一套管理系统，该系统在19世纪最后10年的产业发展中飞速发展。20 世纪初期，帮助实现人们称之为“科学管理”的器物包括打卡机、打卡时间戳，以及不可或缺的计时器。这些器物象征着人们不断增长的愿景，即人类劳动力可以科学地按照泰勒所提出的“最佳方式”去完成任务，并且可以培训工人以这种方式工作，这样就杜绝了低效无用的劳动，但也基本上挤没了生产中技能工人存在的空间。

工具：精度、量度与效能

虽然革命的提法在人类历史中有点陈旧过时，人们对工业革命给全人类乃至全世界带来的影响也褒贬不一，然而工业革命发展进程以及它制造的器物所产生的深远影响却不容小觑。人们越来越多地使用铁和其他金属来取代木材，工业实力不断增长——最显著的表现是蒸汽机的出现，还有水力发电的行业以及19世纪末的电能——在19世纪中期带来了一个崭新的物质世界，这是过去的几个世纪里从未想象过的世界。随之而来的是，越来越多的人造物涌现在我们眼前，传统器物的创新设计、新物品的发明开创出人类发展的新纪元。

随着机床的出现，18 世纪中叶发生了人类历史上最深刻的一次转变。我们在博物馆里看到的精美器物，都是精巧的手工艺制作出来的，但几乎所有这样的工艺都是“慢工才能出的细活”。这就使得人们更看重精细活计与纹饰，而不是大规模生产。18世纪中期到19世纪中期，无论是用于功耗密集型的大规模原材料生产，还是使用自动化机械的大规模平行生产，或者是零部件的精密制造（这也与这一时期中间时段出现的标准化有关)，机床的出现都从根本上改变了器物的性质。

理解这两个领域的关键是区分规模和精度。重型机械有助于扩大规模；自动化机械对规模和精度都有提升；精密机床将精度提升到新的水平。这一时期发明的机床，如詹姆斯·内史密斯(James Naysmith)的蒸汽锤(1839)，使工业工人能够制造出并操作以前因太大或太笨重而无法制造的部件。与此同时，千分尺等仪器的出现使得如美国海军等组织能在图纸上明确产品的尺寸，然后检查交付的器物，他们期望的精确度接近0.001英寸[1]。

从18世纪中期开始，大多数行业的总体生产规模都有所增加，这一趋势非常明显。改良后精密加工材料的方法与工具降低了精密工程技术的成本，使这些产品得以面向更多消费者。从某种意义上说，技术变得普及化，这在钟表的普及中体现得淋漓尽致。起初，计时器可谓庞然大物，挪动极为不便，只能安置在教堂钟楼、市政钟楼或企业钟塔上向公众展示。只有精英阶层才买得起小型钟，钟表外观也多有镀金装饰。随着制造精度的提升，工人们用更便宜的黄铜薄板和其他材料生产出了更多的标准件，所以到19世纪50年代，钟表成了中产阶级客厅里的寻常器物。但是直到1900年以前，怀表仍然十分珍贵。

器物与技术学习

人们学习技术技能有两种方式：一是通过与器物之间进行切实

1　1英寸=2.54厘米。——编者注

互动，如工具、肌肉记忆、原材料；二是通过了解一些跟器物设计和用途有关的无形知识。对古希腊人来说，这种实用技能和手工艺知识就是技术。有时学者们也以这种方式研究生产制造过程，讨论生产的操作顺序（chaîne opératoire），运用从使用工具、加工原材料（knowhow，savoir faíre）中获得的具体技能以及关于所制造的产品及其用途的技术知识（connaisation）。他们依此来研究人们为了达到系统掌握而投入的技术和技艺，虽然有时表述有所不同。这些方法使研究人员能够研究这些收藏的器物，将对某些特性或特征的详细测量数据结合通过实验和经验学习获得的见解，以了解制造商们做出决策的过程。

然而，当生产系统变得高度细分和专业化时，这些研究方法就失灵了，因为在这种生产体系中，任务被分配给许多工人，而大多数工人无法与产品的零售商和消费者直接联系。这些从行为角度思考技术过程的方式，仅适用于分析不太复杂的社会和技术体系中（例如古代）生产出来的器物。因此，可以说这些研究方法仅可用来分析工艺技能，而不是工程、科学或组织的技能，尤其是当器物生产者和消费者之间的信息环非常复杂时，普通观察者是难以理解其中的奥秘的。

18世纪以前，大多数技术都是以“前话语[1]”的方式留存下来的，技术知识是通过耳提面命、手把手教下来的。然而，早在17世纪，技术教育就以现在学生熟悉的形式来进行传授了。利用木刻印版、铜版以及钢板雕刻等技术手段和技术器物，让知识生产者以及

1 “前话语”是指非语言式的技术传承方式。—— 译者注

他们研究的话题发生了转变。印刷技术改变了机械、制造和建筑的沟通方式，也许还改变了这些知识的传授方式。在工业时代前半叶，技术工人从一地到另一地的迁移中带走了知识，传播了技术。到工业时代的后半期，出版的论文和专利制度的建立使得企业家在并不了解当地产业的情况下就开始创业（尽管在没有熟练劳动力的情况下，许多产业摆脱不了失败的命运）。科学家和机械师开始出版百科全书和期刊，有些稿件推动了应用艺术的改进。（图2-2）印刷资源大量涌现，通常包含一些特别有用的插图，例如丹尼斯·狄德罗（Denis Diderot）的《科学、美术与工艺百科全书》（*Encyclopédie ou Dictionnaire raisonné des sciences, des arts et des métiers*）、卡特布什（Cutbush）的《美国艺术家手册》（*The American Artist's*

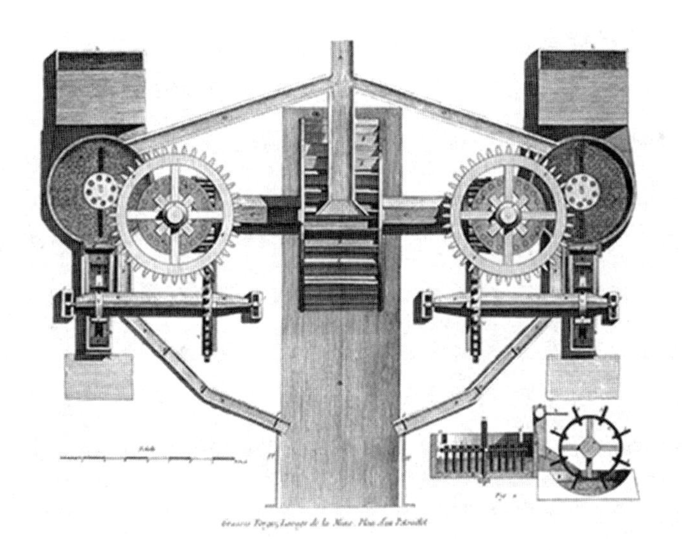

图2-2 取自1771年版狄德罗百科全书的大型锻造厂插图，展示了发电和传输构造的布置（俯视图）。盖蒂图片社492654850

Manual）或《哲学应用于艺术和制造的实用知识词典》（*Dictionary of practical knowledge in the application of philosophy to the arts and manufactures*）、亚历山大（Alexander）的《机械学、艺术、制造和杂项知识词典》（*Dictionary of Mechanical Science, Arts, Manufactures, and Miscellaneous Knowledge*），或普雷希特（Prechtl）的《科技百科全书或技术、化学和机械的百科全书（按字母顺序）》（*Technologische Encyklopädie, oder alphabetisches Handbuch der Technologie, der technischen Chemie und des Maschinenwesens*）。就连创办于1845年的《科学美国人》（*Scientific American*）杂志也主要关注技术和实用艺术。这些书作为器物尤其有助于传播技术信息，同时也在努力将工匠所掌握的技术秘密转化为文学散文的形式，以飨另一个阶层的读者，尽管精英阶层最初并不看好这种文学活动。狄德罗把各种手用工具和大型设备固定在他的书页上，"就像昆虫学家的昆虫标本"，这些书页构成了自然历史博物馆收藏中的理性类型。19世纪中叶以前的此类百科全书介绍了最乏味、最学究气的工艺细节。当然，从采矿和碾磨矿石到制造优质玻璃制品，技术活儿的"技巧和奥秘"处处需要手工技能，这些技能是通过反复使用工具加工材料而获得的。一般来说，这种学习过程仍然以学徒制为主，出徒之后仍然要在某一行业磨炼多年。由此可以证明，匠人的技能与身份很难用科学来解释和管理。

工业时代，器物开始在工程教育中发挥重要作用——而工程教育这个概念就是在这一时期出现的。虽然在此之前大多数技术教育是通过学徒制进行的（实际上在这之后的一段时间之内仍将如此），但在此期间开始出现正规学校进行技术教学。法国国立桥路学校

（École des Ponts et Chaussées）（1747）和美国军事学院（the United States Military Academy）（1802）的设立虽然是为了培训军官，但教学内容都偏重数学和工学。19世纪初期开始出现民办学校，开始培养不同于军官的土木工程师。学校都有机械装置和大型机器的比例模型，学生可以研究这些模型并将其与图纸、式样书、设计图和工艺出版物进行比较。（图2–3）

学生还参观工厂和车间，学习不同业务的流程和做法。学生在课堂上学习传统的制图、绘图方法，他们的教育一半来自数学与科

图2–3　广义上的模型在技术教育中起到了关键作用，这些器物与课堂上的图纸和文字描述一起，促成专利申报，激发了审美兴趣以及技术崇拜。如图所示，这是弗朗兹·莱洛（Franz Reuleaux）的一个教学模型，它展示了一个从任何角度都可以发送功率的万向节。这个模型由古斯塔夫·福格特（Gustav Voigt）在1882年制作。照片来源：乔恩·里斯（Jon Reis）拍摄于康奈尔大学锡布利机械和航空航天工程学院的莱洛运动学机械收藏馆，器物编号：Q3

学，一半来自技术。（图2-4）例如，他们将学习勘测土地，做实地记录，或使用仪器进行测量，然后按比例制作图纸或平面图。虽然这个过程与以前人们学习测量的方式几乎没有什么不同，但现在的教师给学生上课，是希望他们将学到的知识运用到工业领域。那些以前在铸造厂当过学徒的人变成了学习机械工程的学生，他们开始研究器物；他们将再现不同格式的视觉化结果，从透视图到等距图纸和其他手绘图，使他们的想法得以以有形的形式呈现。就这样，他们创造了另一种不同于学徒制的工程师途径。他们完成学业之后，就受雇到各个工厂去，开发新产品，或去提升产品，改进工序。

图2-4　约翰·弗格森·韦尔（John Ferguson Weir）（1841—1926）画作《枪支铸造厂》（*The Gun Foundry*）（1864—1868）。画作囊括了韦尔多次前往西点军校铸造厂而发现的技术细节，其中之一就是他详细描绘了使用中的罗德曼堆芯冷却系统，该系统位于观赏者的右侧。本图由维基共享提供

与此同时，经济条件较为普通的年轻人仍然在机械加工厂、铸造厂、纺织厂或染色厂当学徒，学习手工技能，或许还学习机械技能或管理技能。不同的工场和制造厂有不同的运作方式；当地做法后来被贴上了“工场派”的标签（很久以后换成了“工场文化”）。年轻人通过在不同的工场和制造厂之间来回穿梭，学到了不同的组织或工作方式。19世纪早期，社会精英阶层认为工匠并不比他们操作的机器好多少，是“粗鄙的工匠”，不过是生产过程中拿来用的工具。一些人认为，通过创立设计类学校，让工匠们接触艺术和受过教育的人的作品，可以弥补这一缺陷。这些学校将教授绘画，收集机器模型以及美术复制品，所有这些都足以让工匠们领略到机械技艺的奥妙。19世纪上半叶，美国特许创立了少量私立大学，专门致力于机械技术的改进，如伦斯勒理工学院（1824）。到19世纪20年代末和30年代，许多大学开始增加科学和技术培训的选修课。《莫雷尔法案》（*the Morrill Land Grant Act*）（1862）通过后，每个州都得到了公共土地，用出售公共土地的收入来创建一所大学，大学通常用来专门讲授与农业和机械工业有关的知识。然而，到了19世纪中叶后不久，随着反现代和反工业情绪在社会中不断蔓延，情况开始在英格兰乃至工业社会的其他地区发生转变。贯穿这些运动的整个时期，工匠们都没有停止过使用这些具有象征意义的器物，如手中的锤子和其他展示手工艺的意象，人们将它们作为社会美德的标志。

在18世纪和19世纪，随着工程学和建筑业的专业化发展，制图的社会地位也随之上升。这些图纸说明了一种器物是如何使受过正规训练或教育的劳动者与传统训练培养出来的技师的地位发生变化的。工匠们发现他们做的设计和绘图工作越来越少，而人们越来越多地根据他人的图纸来进行建造。与此同时，受过正规培训的工程师和绘图员在设计中创造了代表自己专业水准的风格。然而，19世纪印刷术和通讯技术使工程图能快速复制。比如，19世纪40年代引入的蓝图，慢慢地取代了熟练绘图人员描图。这些技术使得对技能在生产中起作用的位置之争具体化——到底是在设计还是生产环节？

许多蓝图经过多轮评注和修订后仍然存在，这些评注和修订甚至都盖住了从主图纸上复制下来的第一份副本。由于器物的生活史能唤起人类的回忆和情感，带有评注的蓝图以及摹图就能让我们去复盘曾经发生的讨论，比如是谁决定工场工匠按照图纸（关于铸造图案、铁栏杆、纺织物图案）生产器物时的行动，比如这些图纸在工场之外的行政办公室是怎么产生的，抑或是谁应该决定在监工办公室下面一英里的地方，矿工朝哪个方向开采矿石。到了工业时代末期，不同的工场在生产过程中使用图纸的方式存在着差异，美国的技工很难使用英国的图纸，反之亦然，这种差异直到20世纪仍然存在。

器物开始在欧洲和北美的教育中发挥更广泛的作用。虽然对自然和实物的感官体验长期以来一直是教育和哲学的工具，但在工业时代，人们对此关注有所增加。让－雅克·卢梭（*Jean-Jacques Rousseau*），甚至在他之前的约翰·洛克（John Locke）都主张在理性学习的过程中使用直接感官感知的教学方法。如前所述，器物越来越成为机械教育和工艺教育的核心。到了18世纪后期，出现了一位很有影响力的拥护者，他提倡从对物质世界的观察中汲取“真正的知识”的重要性，而不是仅仅依靠“书本知识”。约翰·海因里希·裴斯泰洛齐（Johann Heinrich Pestalozzi）出生于瑞士，18世纪末，他在自己创办的学校中以及他发表的作品中倡导基于“器物教学”的教学法。他于1827年去世，但他影响力巨大的学生和拥护者继续在世界各地传播他的思想，扩大他的影响力。

裴斯泰洛齐的教学风格是让孩子们一直参与、保持活跃，每天安排10节课，10节课都是以孩子们体验和观察为主，用来教授数学、音乐、自然科学、历史和地理。裴斯泰洛齐并没有仅仅使用器物进行教学，而是基于器物或观察，将材料的各个方面（如糖的晶体结构）与调查方法联系起来，精心设计了正式的课程。然后教师引导学生将他们从课程中获得的新知识组织起来。

尽管这种方法不容易设计评估方法（即学习测试），但器物教学理念在19世纪中叶迅速传播，遍及全美的师范学校（师范学院），乃至初等教育。该教学法很快被纳入美国各地的教师培训课程，并以不同方式在许多不同的环境中实施，包括针对非洲裔美国人和美洲原住民学生的工业教育计划。器物教学技巧非常成功，成为美国文化表述中的关键元素。19世纪，这些教学技巧得以广泛应用，甚至被市场营销和广告公司用来向消费者销售产品；在印度等地，这些技巧被纳入殖民地学校的教学体系；甚至影响了工业化国家中人种学和民族学博物馆的规划。

总结：工业时代的器物与技术

格伦·亚当森（Glenn Adamson）探讨了许多关于不同社会地位和价值观的争论，他将这些争论归到器物身上，手艺的、技艺的、工业的（以及工匠的、艺术家的、工厂工人的和实业家的）等各类器物，把这些争论看作对工匠们在工业革命期间所经历的痛苦挫折，不断复兴、不断努力但不断失败的回应。工艺器物是民间艺术吗？是高雅艺术吗？工艺必须是实用的吗？手工艺品一定比工厂产品高出一等吗？在美学观念中，手工制品比机器辅助生产的产品更高贵吗？陶工应该像雕塑家一样被视为三维艺术家吗？而现在在数码空间工作的三维雕塑家们呢？他们将手的动作转化为电信号，再转化为三维印刷品吗？21世纪初的数码艺术似乎模糊了手工与机械的界限。在这些技术转变中，我们是否最终看到工艺、工厂与高雅艺术之间的区别消失了？创客运动[1]不仅关注编码技能和数码原生内容的创作，还重视技艺、工艺以及机械技能，那它能否预示即将迎来的转变？会出现对特定种类的创造性和生产性工作进行分类和排名的新方法吗？社会能学会像珍惜制造者一样珍惜维护者，像珍视我们制度的缔造者一样珍视修护者吗？

在一个“创造者”广受赞誉的社会里，这些担忧击中要害。不言而喻的反命题是那些从事非创造性工作的人就是“索取者”，是创造者的负担。这种观念是从工业时代的劳资关系演变而来的，但创客运动也使我们的争论趋于白热化，因为它的追随者们试图将机械师和焊接工的身份与建筑师、网页设计师和词曲作者联系起来。随着20世纪技术体系的发展，体力劳动或手工劳动的重要性在半个多

1 创客是指酷爱科技，热衷实践，努力把想法变成现实的人。他们的共同特质是创新、实践与分享。创客运动即在创客理念的驱动下进行的一场全球范围内的创新运动。该运动充分体现了创新探索精神、动手（DIY）文化以及开放共享的理念。—— 译者注

世纪里一直没有提升，使用工具的劳动者的社会地位也在不断下降。创客运动并不像工业时代的一些反工业运动那样仅仅是在颂扬手工劳动。它颂扬的是创造创意性产品，无论是用手还是用脑，无论结果是实物还是数字产品。

当作家们讨论通过手工艺活动、艺术实践和工厂劳动（以及这些人劳动的相对价值）而生产出来的器物的意义和价值时，都会涉及不同群体关于过去经历的记忆。如果给从工业时代过渡到现代社会定个基调的话，学者们对利用器物来调查一些群体和个体的状况非常感兴趣：有些个体和群体被以各种方式边缘化，而有些人则认为自己的生活得到了改善。

进一步拓展一下亚当森的观点会有助于我们的理解。随着数十亿人口迈入人类世，为了创造可持续的、公正的城市化发展，科学和技术将发挥什么样的作用（或者怎样阻碍人类根据想象创造世界）？我们能否通过研究器物，思考它们是如何记录社会和生态以及人类福祉的？污染物、化学物质和残留物出现后一直存在。当科学、技术与社会（统称STS）学者、环境史学者以及考古学家将土壤或水视为器物——土壤和水是他们自己在讲授社会力量时探讨的概念——会发生什么呢？还是说对器物的关注会分散我们的注意力甚至使我们误入歧途？

费迪南德·森夫特（Ferdinand Senft）的《土壤学教材》（*Lehrbuch der Gebirgs- und Bodenkunde*）是第一本探讨工业规模的工厂对土壤的生态健康造成危害的土壤科学文献。森夫特在书中提道，在科学上，很少有人或根本没有人考虑到人类和自然长期互动的交会点——土壤是变得更加强健、肥沃、高产（得益于精耕细作），还是肥力衰减、退化和脆弱不堪（如熔炉和磨坊附近的土壤）。遗憾的是，西方土壤科学家只是采用了将文化活动与自然活动相分离的二分法来分析土壤，他们没有注意到森夫特提出的关于工业土壤和城市土壤的问题。

随着19世纪土壤科学的发展，研究人员只是将这些土壤物化为“人为因素造成的”。结果科学家只是研究如何控制或处理土壤中的污染物而没有认识到这些土壤的多样性，也没有就不同的工业或城市活动造成的各种各样的土壤问题展开讨论。他们将这些不同的土壤划分为退化、毁坏和（或）非正常土壤。130年后，从20世纪90年代中期开始，国际土壤学会（IUSS）响应人们对城市环境、城市农业，对废弃工业用地以及城市棕色地带的调整再利用，环境公正以及土地可持续性等方面的日益增长的关切，详细阐述了世界土壤资源参比基础。该学会添加了第31类土壤——技术土壤，并成立了研究小组来研究城市土壤和人为土壤（精耕细作形成的农村土壤）。经过10多年的深入研究，土壤科学家仍然认为技术土壤是主要的研究前沿领域。

这项工作能否有助于构想可持续的城市栖息地，全面改善能源、废弃物、水循环体系？城市和工业土壤分类的改良方案是否会让科学家们更加细致地去思考这些问题，我们尚不得而知。我们需要人们改变自我认知时所采用的自然与文化和技术与自然的二元认知，转向更网络化或生态的视角。我们不应该仅仅关注那些荒草物种如何在受了污染的和有毒的土壤中安营扎寨，而是在人类世界的快速变化中，全面理解工业化。我们如何才能建立一个世界，让人类的技术和我们用技术创造的器物帮助我们提高人类栖息地的丰富性和多样性，而不是使它们趋于同质化？我们能否与生态和解，让生态在设计文化中得以实现？为此我们必须做出某些改变，其中之一就是我们需要重新思考技术的器物性，在更长的时间以及更远的空间范围内考虑技术与其上下游成本。

我们从工业时代的技术器物中汲取（或构建）了什么遗产？现代社会留给人们的是后工业社区中废弃的工厂、城市和农村的棕色地带、生锈的机器，以及失去了单一雇主的专门领域。对于像建筑和景观这样的大型器物，许多人会谈论位置感在重建和（或）逆城市化以及创客一族中的重要性。一些人会将拆迁产出的碳排放量与新建工程相对比，指出改建再利用的绿色价值。一些人会赞美或复兴手工业，还有一些人会收集过时的、老式（但仍然能用）工具。还有人会指出，人类社区的快速恢复能力才是最重要的，我们应该根据这一点来管理工业时代留下的遗产。现代食品工业会期望21世纪的人类一想到自己烹饪食物就会觉得这是“有闲阶层”的一种古怪爱好，就像20世纪的人们对铁匠的看法一样。鉴于21世纪即将发生的变化——气候变化、农村人口减少、城市化、越来越多的脑力劳动被人工智能和算法取代、正在进行的经济结构重组等——我们的世界仍然需要这些器物来探讨它们的未来。

第三章

经济器物

凯西·纽兰

古塔波胶

古塔波胶是一种从胶木属植物中提取的乳胶状汁液。胶木属的树木可以产出一种类似乳胶的汁液，但真正的古塔波胶只能从名为“鬼脚”（Burckii）的古塔波树中提取，且树液一旦流出便会在室温下凝固。然而，固体的古塔波胶经加热后会再次变得可塑，并几乎可以加工成任何想要的形状，这也是它最有趣的特性。塑形后的古塔波胶经冷却会再次变硬，其坚实的质感最终与厚皮革相似。古塔波胶除了具备这种实用的物理特性之外，也因其颜色呈深红褐色，通常还会被人们当作一种制作装饰性器物的材料。

据说，1656年约翰·特拉德斯坎特（John Tradescant）收集的一箱奇珍古物里就有一份古塔波胶样本，人们称其为“放在水中加热就能变成各种形状的大号硬木酒碗”。然而，从17世纪50年代特拉德斯坎特的奇珍箱到19世纪中期，古塔波胶不过是一种鲜为人知的稀奇物件，是只有当地人才会使用的“丛林产品”。19世纪40年代以前，古塔波胶因其不同寻常的特性一直被人们视为异域奇珍，引起了诸多遐想。然而在短短几年的时间里，古塔波胶就变得不可或缺。古塔波胶的“发现”为无数的行业惯例与生产模式带来了彻底的改变，其中包括医药、牙科、服装、工厂机械、家用设备、电信和各式各样的装饰艺术领域。

奥克斯利（Oxley）在1847年的一篇文章中例举了古塔波胶的某些用途，例如可将其用于手术器械及一系列独出心裁的家庭用品（如可折叠旅行浴缸和全尺寸餐具柜）。1850年，本特利特（Bartlett）指出，古塔波胶可用于听诊器、助听器、医用皮肤敷料、靴鞋的防水鞋底、工业软管、传话筒、吹嘴儿、消防车泵、全尺寸救生艇和水手的防雨帽。本特利特还列举了用到古塔波胶的“美丽艺术品”，例如镀金边框的画框、不易碎花瓶、坚固的雕像和半身像。然而，到目前为止，新兴的电子工业才是古塔波胶最大的应用市场。

据悉，古塔波胶是一种具有高介电强度的优质绝缘体[1]，生物惰性和耐酸性是它的特质，所以很快人们便用它来制造电池和电线包裹物。工程师们发现古塔波胶在海水中几乎坚不可摧，而且寒冷、潮湿和巨大压力还会增强其介电性，因此也进一步扩大了它的应用领域。因古塔波胶可以使电报电缆与海水隔绝并铺设于水下，多年以来的国际通信梦终于成为了现实。仅仅用需求激增一词并不足以来描述古塔波胶的价值。古塔波胶掀起了海底电缆制造与铺设的热

1　是指它不容易突然导电。——原书注

潮，并使之持续了一个世纪。古塔波胶不仅推动了庞大制造业的发展，还赋能某些具有里程碑意义的、全球性的雄心项目。例如英国就曾设想要铺设一条环绕全球的帝国海底电缆，并将其称为“全红线”工程。世界上所有遥不相及的角落几乎都能在瞬间联系在一起，这多么让人欲罢不能。要是真能实现这一工程，不仅能将大英帝国的版图缝制得更加紧凑，还能让控制权重回帝国中心。古塔波胶也使交流成为可能，可以说相比19世纪的任何一种材料，古塔波胶为全球经济、政治制度、军事战略以及社会关系都带来了更多、更显著的变化。但令人困惑的是，被广泛应用的古塔波胶虽然作为一种不可或缺且有着重要国际地位的材料，但对于21世纪的人们来说却极其陌生。本章将带领大家从印度尼西亚走到英国的伊斯灵顿，讲述古塔波胶的故事，探索它的世界。

发现

关于古塔波胶传入西方的记载有很多。因为这种材料后来变得如此重要，以至于人们关于这件事一直众说纷纭。古塔波胶的来历变成了传奇，这些传奇经过口口相传，最终变为了一个流畅完整的故事。在这个言之凿凿的故事中，意志坚定的主人公最终凭借自己的坚持和努力赢得了回报。以下的叙述源自多个出处，例如1891年英国皇家植物园——邱园（Kew）的介绍和1902年巴克利（Buckley）的叙述。在1847年奥克斯利所写的接近当代的文章中，记录的事件很大程度上也与这些叙述相符。（巴克利得到广泛认可的轶事体叙述并不是一篇学术性较强的文章，该文引用了大量报纸上的内容和未经证实的个人证言。然而通过此文可以管窥新加坡的历史，了解这一时期欧洲殖民者乐于回忆并重现他们过去生活的做法。因此巴克利对新加坡被纳为英国附属领地而毫无羞愧之心的叙述，为下面我们讨论这些故事是如何形成的提供了非常宝贵的资料。）

1842年，长期居住在新加坡的外科医生W.蒙哥马利（Dr. W. Montgomerie）遇到了一个马来人，当时这个马来人正在岛上用古塔波胶制作马鞭，准备卖给当地越来越多的欧洲殖民者。巴克利声称这种材料制成的马鞭就其韧性和弹性与“南非犀牛皮”一样。[1]鉴于这种材料不仅韧性和弹性十足，而且制作简单，蒙哥马利认为古塔波胶可以用于制造外科手术器械。他写信给孟加拉医学委员会，建议采用他的想法，信中还附上了一些未经加工和加工后的古塔波胶样品，后来这封信于1842年7月在加尔各答的《英国人》（*Englishman*）上发表。蒙哥马利在新加坡继续将古塔波胶用于手术和医疗用途的实验，并继续以个人名义对古塔波胶进行宣传。1843年，蒙哥马利医生向英国皇家艺术协会的商业制造部寄去了更多的样品，试图再次引起全世界对这一“发现”的兴趣。英国皇家艺术协会的索利先生（Mr. Solly）对古塔波胶进行实验后，于1845年宣称这种材料大有用处。英国皇家艺术协会为感谢蒙哥马利为科学做出的贡献而授予他金奖章（在观众的掌声中，蒙哥马利从舞台左侧退场）。

---

1 巴克利似乎倒回去一些时间，因为犀牛皮鞭（这是在南非的叫法，被那些推行种族隔离的警察弄得臭名昭著）是基于更早进入南非的鞭子做出来的。最开始叫坎布鞭，是17世纪随从爪哇和马来半岛来的奴隶一起进入新加坡。坎布鞭很有可能是马来当地的一种用古塔波胶制成的鞭子，而不是特意给英国人制作的。——原书注

然而这个故事充其量算得上是接近当时的真实情景，但我们也可以说这个故事的内容很片面。蒙哥马利获得金奖的故事，十有八九只是从几个所谓同样真实的相似版本中选出来的最引人入胜的一版。例如，1882年，电报工程师R.S.纽沃尔（R. S. Newall）在一本多少带点修正色彩的小册子中巧言令色地声称，1837年，他在苏门答腊岛从约翰·科尔维尔先生（Mr. John Colville）那里第一次收集到了古塔波胶样品。不过他并未声张，只是在家中做了实验。作为一种可能的叙事版本，纽沃尔的故事几乎不可能引起维多利亚时代公众的兴趣，也不可能引起后来技术历史学家的兴趣。在蒙哥马利努力推广古塔波胶以期用于服务人类时，纽沃尔却正在悄悄为古塔波胶申请专利，而这可不是传说中的故事。新加坡居民阿尔梅达博士（Dr. Almeida）也紧随其后地声称自己是古塔波胶的“发现者”。实际上，在当时阿尔梅达博士并未因此获得什么殊荣（奥克斯利对此也表示惊讶）。阿尔梅达博士作为新加坡农业和园艺学会的创始人之一，于1843年4月抵达英国并带去了几份古塔波胶样本。阿尔梅达博士将这些样本交给了皇家亚洲学会，该学会收下礼物，对博士表示了感谢，但并未对样本进行任何特别处理。（奥克斯利指出阿尔梅达博士也曾向英国皇家艺术协会呈现了一份样本，但同样未引起多少关注。[1]）

很有可能当时伦敦的商店里，人们就已经能够买到许多由古塔波胶制成的进口器物了（跟犀牛皮鞭的情况类似）。当时用古塔波胶

1　作者实在找不到关于这项捐赠的其他资料，只能推断是奥克斯利出错了，可能是代表英国皇家艺术协会的字母RSA在某个环节被错写成了代表皇家亚洲学会的RAS。——原书注

制成的器物（剑、碗、古玩等），其价值在于其装饰性及其他特性，而非在于其天然可塑的性质。毕竟，想要验证它们是否由古塔波胶制成，只能对器物本身进行加热破坏。维多利亚时代的知识分子“发现”古塔波胶之前，这种材料可能早就以成千上万种方式“引进”到了欧洲。可以肯定的是，自1845年，也就是蒙哥马利医生的金奖章上刻着的日期起，古塔波胶便成为了那个时代的尖端材料并获得了许多专利。

与古塔波胶被引入英国的过程相同，古塔波胶进入电报产业的过程同样复杂曲折且充满争议。著名科学家迈克尔·法拉第（Michael Faraday）在1848年3月1日给《哲学杂志》（*Philosophical Magazine*）的一封信中首次发表了他对古塔波胶在电学特性方面的发现，更确切地说，是古塔波胶缺乏电学性质的发现，法拉第也因此受到广泛赞誉。在信里，法拉第阐明他发现古塔波胶是一种极好的绝缘体，并建议将古塔波胶用于电气设备制造和电气实验的开发。然而，法拉第并未确切提及要将古塔波胶用作电报电缆（或其他种类电线）的绝缘体。（虽然人们经常认为法拉第是将古塔波胶引入电气产业的人。）法拉第似乎并未将古塔波胶的绝缘特性与其在电报业中的潜在用途联系在一起。这一跨越性的联系似乎是由英国电报公司（the Electric Telegraph Company）的土木工程师兼秘书[1]威廉·亨利·海切尔（William Henry Hatcher）实现的。1846年，海切尔向东南铁路公司（South Eastern Railway company）的电工查尔斯·文森特·沃克（Charles Vincent Walker）提出了将古塔波胶用于电缆绝缘的可能性。1847年，沃克与

1　19世纪时秘书的职位相当于现在的首席执行官。——原书注

J&T福斯特公司一起为一款机器申请了专利，这款机器将铜丝夹在两层古塔波胶之间。人们相信是沃克向古塔波胶公司的查尔斯·汉考克（Charles Hancock）提及过古塔波胶的绝缘特性。汉考克随后设计了一种将古塔波胶挤压覆盖于电线上的机器，并于1848年7月申请了专利。而海切尔之所以能产生这个想法是经过了实践检验还是发现古塔波胶可用于机械加工并有和橡胶相似的外表后而受到了启发呢？（人们也试验过用橡胶做绝缘体。）他的结论究竟因何而得出，目前还不得而知。

声称发现古塔波胶绝缘作用的竞争者中还有维尔纳·冯·西门子（Werner von Siemens）[1]，据说他不仅在1847年担任陆军中尉期间曾用古塔波胶给一根实验用的电线做过绝缘处理，还在1848年铺设了一条横跨莱茵河的电缆且将其详细记录下来。纽沃尔对此也再次发表声明，坚称早在1848年3月，他就曾用古塔波胶给铜线绝缘，尽管那只是在自己家中做的实验。纽沃尔的说法听起来比较合理，因为R.S.纽沃尔公司（R. S. Newall & Co.）早在以前就负责过海底电缆的铺设并有成功的案例，其中就包括1855年在英吉利海峡真正意义上成功铺设第一条海底电缆。许多其他网上资料认为查尔斯·惠特斯通（Charles Wheatstone）早在1845年就将古塔波胶作为一种电缆绝缘材料，这个推断也似乎言之有理。彼时的惠特斯通正在研究海底电报，他是与威廉·库克（William Cooke）合作中的出谋划策者，而库克也是海切尔在电报公司的同事。但是，尚找不到任何真凭实据来支持这一广为流传的说法。围绕古塔波胶在电报领域中的发现、引进以及应用产生了如此纷繁复杂的争论，这恰恰说明了从

1 著名的西门子兄弟中的一员。——原书注

头至尾所有人都认为古塔波胶绝非等闲之物，并且坚信若能将自己的名字与古塔波胶联系在一起，便一定会被人们视为一个目光长远且能够改变世界的先驱。

从森林到工厂

古塔波胶不仅具有极优的属性，还是来自丛林的产物，原产自马来西亚和印度尼西亚的丛林当中，运抵码头时坚硬的原胶还散发着清新的芬芳。采集原胶时，树皮树叶的碎渣以及小昆虫都会混在其中，将原胶制成器物前要将这些杂质去除。[以下的信息由巴特利特（Bartlett）于1851年提供。]古塔波胶被运到工厂时是大小不一的块体，随后便用蒸汽驱动的旋转刀片将其切成薄片，这种机器每分钟能切600片。接着工人将这些像旧皮革一样的薄片扔进大铁锅里煮沸，直至薄片的黏稠度变得和硬面团一样。然后工人将其送入每分钟转动800次的浸渍机器，机器上一排排旋转的齿轮将柔软的古塔波胶撕成细小的碎条状，随后又将其浸泡在冷水中。工人把漂到水面上无杂质的古塔波胶舀出，杂质则会沉底。将无杂质的古塔波胶加热到90摄氏度左右，接着再送入蒸汽挤压机中。挤出古塔波胶中的空气和水分后，就可以将其压制成磨具或卷成薄片以备进一步使用。

1845年2月，查尔斯·比利（Charles Bewley）成立了第一家进口和加工古塔波胶的企业古塔波胶公司。该公司生产各式各样的古塔波胶制品，例如胶皮管、机器皮带、饮料杯和靴子鞋底等。查尔斯·汉考克很快也参与到公司的运营之中，并马上联想到用制造胶皮管的挤压机来生产绝缘电线。1848年，汉考克为一项设备申请了专利，该设备可以将无限长度的电线或线缆用塑料物包裹起来。在铺设海底电缆的宏景中，随着这最后一块儿拼图就位，海底电缆行业开始了高歌猛进的发展。

当人们主要将古塔波胶用于制作画框和防雨帽时，为数不多的古塔波胶贸易通过运河网络运输就足以完成了。因此，彼时的古塔波胶公司将总部设在了伦敦的伊斯灵顿，并在摄政运河旁专门建造了货运码头。但人们将古塔波胶用于电缆制作后，远洋货船将这种材料成吨运抵英国，古塔波胶也变成了一种重要的大宗商品。奥克斯利声称，自1845年到1847年他发表文章的这段时期，也就是人们使用古塔波胶的初期，为了满足人们日益增长的需求，英国每年约进口6918英担[1]古塔波胶。而仅在1850年，巴特利特就在报告中表明，伦敦码头古塔波胶的进口量就增长到了3万英担。

此外，这些公司生产的产品都是长约数百英里的电缆，需要装在巨大的缆线桶中，随后由经过专门改装的大型船舶再次运出，摄政运河无法满足这种大型船舶的通行。泰晤士河沿岸的西汉姆镇和格林尼治区则为大量的码头业务提供了可能，伦敦市东部的河域也为大型深吃水船只提供了畅通的航道。西汉姆湿地和英国铁路系统的联系尤为紧密。这些滩涂的用地成本相对较低，并且此处有通往伦敦及英国其他地区的铁路，向东则是广阔的海洋，这些因素都使得西汉姆地区有着广阔的商业前景。1850年，查尔斯·汉考克离开了古塔波胶公司，成立了一家与之竞争的公司——西汉姆古塔波胶公司。在这个时机做出这样的决定并非偶然。1850年标志着古塔波

1　1英担=0.0508吨。——编者注

胶生产制造的分水岭。这一年，英法之间铺设了第一条由古塔波胶制成的绝缘海底电缆。在此背景下，其他几家初创公司也纷纷加入了汉考克的公司。位于伦敦边缘的西汉姆就如同今日的科技中心硅谷一样，很快成为了彼时生产古塔波胶的中心。

另外，将制造业设在伦敦市区之外也是因为会对环境造成污染。伦敦市条例禁止在建筑密集地区设立危险或有污染的产业，而制作古塔波胶的工厂不仅配有大量用于生产的机器，还有许多咕嘟冒泡的大桶和用于硫化的硫磺，这些都会造成大规模污染。例如，1887年，位于北伍尔维奇区的天然橡胶公司、古塔波胶公司和电报公司的工厂就共有47台蒸汽机和31台锅炉。西汉姆一直以来就享有不受正常工业管控（尽管没有明文规定）的权利。在该地有关防污、防火以及工人和公众的防护等规定都是一纸空文，这种情况一直持续到19世纪。例如，1844年起草的旨在控制伦敦市内有毒有害污染企业的《大都会建筑法案》(the Metropolitan Building Act)，并未将西汉姆地区包括在内。简而言之，西汉姆对于制造业而言，就是一处人间天堂。

整个城市景观的发展都与古塔波胶的加工和制造有关。古塔波胶的生意吸引人们（有时是从国外引进）来到西汉姆。随之增长的是对基础设施的需求，例如住房、道路和公用事业都得到了建设发展，渡船码头、货运码头和火车站也相继投入建设，工厂周围也盖起了酒吧、商店、教堂和学校，以便为新来的工人提供服务。还有一些行业也紧随其后，如运输公司、铸造厂和煤炭商。在伦敦的波普拉区（Poplar）、坎宁镇（Canning Town）、格林威治镇、霍尔斯维斯街（Hallsville）、西尔弗镇（Silvertown）、贝克顿区

（Beckton）、莱姆豪斯（Limehouse）、东汉姆区（East Ham）、西汉姆区和北伍尔维奇区，居民楼如雨后春笋般出现，蔓延开来并连成一片。短短几年，这片湿地上就盖满了楼房。声名狼藉的伦敦东区（East End）就这样诞生了，古塔波胶就是它的起点。

在这些因生产古塔波胶而开发的地区里，伦敦东区的西尔弗镇不仅是最早建设的，也是保存最为完好的。这是1852年由塞缪尔·温克沃斯·西尔弗（Samuel Winkworth Silver）在泰晤士河北岸的伍尔维奇河段创立的，目的是保障其（名字响亮的）天然橡胶公司、古塔波胶公司以及电报公司的工厂。1875年版的一期《全年》（*All the Year Round*）杂志——这份杂志是查尔斯·狄更斯（Charles Dickens）在伦敦创办的并归其所有——刊登了对西尔弗镇工厂的描述：

在一片湿地的边缘，有这样一处令人摸不透的区域，这里的土地仿佛是在流动，这里的水仿佛已经凝固。这就是西尔弗镇，一处蓬勃发展的聚居地。

头顶是阴霾的天空，脚下的湿地也因无数宏伟的楼房变得坚实。……破旧的火车站，漂亮的教堂……在一片混沌的泥浆中，涌现出整齐排列的房子、一家名叫“铁路旅馆”的冷清的旅店、巨大的码头，以及七英亩多的滩涂如今已变为坚实的土地，这些都解释了这个地区为何有如此奇特的发展。

1869年，查尔斯·汉考克加入了西尔弗的公司，汉考克不仅为他的公司提供了专业知识，还带去了几项重要的专利，以实现古塔波胶对电线的无缝包裹。汉考克到来后，工厂迅速扩大了生产规模，并主要集中制造最外层包裹着古塔波胶的海底电报电缆，周围地区也随着工厂的扩张而迅速发展了一段时间。在极短的时间内，建筑占据了这里每一寸可用的土地。图3-1中的雕刻品是1869年工厂扩建后的作品。

面对河流朝向，东南方向建有大量又长又窄的新棚屋，这里很可能就是生产古塔波胶绝缘海底电缆的厂房。位于厂区东北角的建筑具有更传统的“工厂外观”，这里很可能与古塔波胶的加工有关。厂区的建筑采用了多层建筑结构，这种结构不仅便于使用皮带传动装置（当然也是古塔波胶制皮带），也利于用天窗为大型工厂的楼层采光通风，还可以让烟囱排走屋内锅炉产生的气体。

1871年英国的人口普查显示，伦敦东部许多当地的家庭为了抓住新扩建工厂的就业机会，在古塔波胶工厂建成后不久就搬到了西

图3-1　西尔弗镇天然橡胶公司的工厂、古塔波胶公司的工厂和电报公司的工厂。引自1875年《全年》杂志。图片由盖蒂提供

尔弗镇地区。相比之下，工程师、钳工以及机械制造师作为技术上更为娴熟的工人，通常都来自较远的地区，例如苏格兰或英格兰北部某个大型制造中心。最初几年里，工厂的工人们几乎没有什么生活便利设施。1861年的人口普查显示在北伍尔维奇路前面有一条叫作米克堡露台（Mickleburgh Terrace）的步行街，街上有咖啡馆、肉铺、石蜡店和铁路旅馆。康斯坦斯街上的两栋相邻的连排房屋里似乎也坐落着两所学校。

古塔波胶公司工厂的工人及其家人的生活本来会很艰难，不过比起附近坎宁镇的人们和霍尔斯维尔镇住宅区的住户要好很多。那些地方声名狼藉，因为盖一个房子只需要80英镑的成本而沦为笑柄，那里的景象正如下文所描述：

大片的房子都是豆腐渣工程，开发商用滩涂做地基，把地沟当作道路，用死水塘当花园……还有一部分的房子位于河水水位线以下，将该地的死亡率与其他地势较高地区进行对比，真是既让人觉得惨不忍睹，又发人深省。

狄更斯在杂志中提到的“整齐排列的房子”表明，西尔弗镇古塔波胶工人的住所并不像他们邻居的那么糟糕。据悉，用平均抵押贷款补贴减去西尔弗镇一块地皮的平均购买成本后，还能余下125英镑。除去建造成本以外，这其中还有多少剩余利润是难以估计的，但抵押贷款公司是不太可能为“豆腐渣工程”支付费用的。然而，从1919年到大约1932年，西尔弗镇的部分地区进行了大规模的贫民窟清拆工程。除了向东通向镇里的新北伍尔维奇街道，西尔弗镇的大部分道路都是在1869年之前就铺设完毕的。西尔弗镇与坎宁镇和霍尔斯维斯的大部分地区形成了鲜明的对比，这两个地方的街道是碎石铺的，没比地面高出多少，一排排的房子都建在淤泥中。

对于西汉姆的古塔波胶工人来说，清洁水源的供应似乎是一个普遍的问题。1880年，在西汉姆滩涂地区开始开发30年后，威廉·弗农－哈考特（William Vernon-Harcourt）记录了孩子们在西尔弗镇车站乞水，“一直以来，都没有充足供应的水源，甚至有时候根本就没有供应”。对于西尔弗镇的工人来说，污水处理也是一个问题。不仅此处居民的住所位于河水水位线以下，而且由于皇家码头的建设工程，工人们的住所也与西汉姆的其他地区隔断了，这就意味着这片居民区并未安装19世纪后期的伦敦公共污水处理系统。

河岸上林立的工厂阻断了传统的滩涂排水渠道，让西尔弗镇的问题变得更加复杂。这些渠道也是房屋排水的唯一办法。可想而知，这些沿着屋后流淌的水沟很快就变成了又长又宽的污水坑。污水坑垃圾清理的唯一办法（取决于季节因素）就是等这个地方发洪水，污水中的废物便会形成一层薄膜漂浮在宽阔的水面上，扩散开去。

丛林产品

对古塔波胶的新需求不仅重塑了伦敦的面貌，也迅速改变了古塔波胶原产地的丛林样貌。古塔波树的特性也是造成这一情况的部分原因。古塔波树是一种参天大树，可以长到200英尺[1]高，直径达5英尺。古塔波树也是一种生长极其缓慢的植物，据悉这种树要生长30年才算足够成熟，才能采集古塔波胶。天然的古塔波树只生长在

1　1英尺＝30.48厘米。——编者注

包括马来半岛、苏门答腊岛和曾经的婆罗洲岛[1]（如今包括沙巴、沙捞越[2]、文莱和各加里曼丹省）在内的狭长地带。在有限的地理区域内，这种树在冲积平原的丛林和山麓丘陵的一侧最为常见。

“发现”古塔波胶时，英国人在马来半岛仅拥有三个相对较小的贸易殖民地。1824年的《英荷条约》(the Anglo-Dutch Treaty)中，包括苏门答腊岛和婆罗洲岛在内的南部地区都被英国割让给了荷兰东印度公司(the Dutch East India Company)。19世纪40年代，英国占领的海峡殖民地中包括槟榔屿和韦尔斯利省，这两地分别于1790年和1798年由当地统治者割让给英国。1824年，作为用来交换苏门答腊岛明古连省的一部分，马六甲海峡从荷兰东印度公司转到了英国人手中。1819年，托马斯·莱佛士(Thomas Raffles)开辟了新加坡殖民地，将其作为英国东印度公司的贸易站。因此，整个海峡殖民地大约涵盖了1276平方英里[3]的面积。位于婆罗洲岛西北海岸的沙捞越，名义上也受英国统治。1841年，詹姆斯·布鲁克(James Brooke)将自己封为沙捞越的“白人国王”(White Raja)。英国将其控制的有限领土作为古塔波胶贸易的转运港，把来自丛林的产品送上英国船只，运往英国工厂。

古塔波胶进入欧洲市场后，人们对古塔波胶的需求量也越来越大，最终导致了这一材料的价格大幅上涨。1844年，古塔波胶的价

1 今称加里曼丹岛。——编者注

2 今称砂拉越。——编者注

3 1平方英里≈2.59平方千米。——编者注

格为每担8西班牙银元[1]。到1848年古塔波胶引起了电报产业的注意后，其价格上涨到每担13西班牙银元。1853年，第一批古塔波胶制绝缘电缆取得显著成功后，其价格飙升至每担60西班牙银元。最初，未经加工的古塔波胶都产自新加坡，但随着贸易额的不断增长，当地的古塔波胶很快枯竭。人们便开始从下列各州的平原地区获取古塔波胶，包括霹雳州（一个大州，从槟榔屿向内陆延伸，在东边与吉兰丹接壤）、柔佛州（位于新加坡和马六甲海峡之间的大陆州，其地区包括拥有丰富古塔波胶资源的布赖山）、雪兰莪州、附近的马六甲州以及位于中心位置的彭亨州（位于马来半岛东部，在新加坡和北边的霹雳州之间）。人们注意到这些地区的古塔波树数量多，部分地区可以说是“繁茂至极”。因此古塔波树成了这些地区主要的甚至是唯一被发现的树种。起初，野生古塔波树的数量众多，然而这一树种很快便面临着灭绝的危险。事实上，奥克斯利早在1847年的一篇文章中就宣称古塔波树“尽管分布广泛且数量丰富，但它不久就会变成稀缺之物”。这一情况很大程度上是由人们采集古塔波胶的方式所导致的。

通过大量的一手和二手资料，包括奥克斯利、伦敦皇家植物园邱园、甘布尔（Gamble）、邓恩（Dunn）、考尔（Kaur）和塔利（Tully），我整理了以下古塔波胶的传统采集方式。古塔波胶树与橡胶树这类产汁液的树不同，人们无法通过在树上切口来采集古塔波胶，而是习惯上将整棵古塔波树砍倒。在野外寻找成熟的古塔波树

1　西班牙银元是当时该地区使用最广的金属货币，这种情况一直持续到1895年引进英国贸易银元为止。——原书注

是一项艰巨且危险的任务，即便从最近的村庄出发，也需要跋涉数个小时甚至数天。人们用传统的帕兰砍刀或是大砍刀在林中开路。找到成熟的古塔波树后，人们就用斧头从离地几英尺的地方将其砍倒。人们在刚放倒的树干上，每隔大约15到30厘米就环割树皮，以便让乳胶流出。人们还会砍去古塔波树的树冠来促使树汁流出，随后使用椰壳、树叶或任何手边的容器收集滴出来的汁液。还有一些记载显示，人们甚至会用到地上的坑来收集树胶。因为大部分古塔波胶会留在树内无法排出，所以每棵古塔波胶树只会产出少量汁液。据说季风气候可以提高树胶产量。然而，据塔利估算，平均每棵古塔波树只能采集到11盎司[1]乳胶！人们将采集到的古塔波胶放入水中煮沸，这样做不仅能够去除其中的杂质，还有助于古塔波胶凝固。人们会趁热将古塔波胶塑成块儿，以便将其从森林深处运送到伦敦码头。

当地居民只将古塔波胶作为几十种丛林产品之一，所以这种采集方式还不会破坏生态平衡。但随着国际贸易的发展，人们对古塔波胶的需求呈指数级增长，传统的采集方式也不再利于丛林资源的合理开发。据柯林斯（Collins）估计，仅1877年，英国的古塔波胶进口量就达到134万千克，这等于砍伐大约400万棵树。塞勒斯（Sérullas）在1891年写道，平均每年古塔波胶的使用量都要超过180万千克，相当于每年要砍550万棵树，这一数字令人触目惊心。这种材料在全球市场上要价极高，这也就意味着每砍伐一棵古塔波树都会带来极大的利润。此外，因为珍贵的古塔波胶暴露到空气中便

1　1盎司=28.35克。——编者注

会迅速凝结，所以人们并不会像对待古塔波树的“近亲”橡胶树那样，选择微创的树胶采集方式。对古塔波树而言，微创采集方式产胶量微乎其微，所以人们会选择砍伐后再取胶。古塔波胶不断上涨的价格也驱使着当地古塔波胶勘探者们深入森林，寻找野生的古塔波树，直至整个地区再无古塔波树的踪迹。据尤金·奥巴克（Dr. Eugene Oback）博士描述，人们对古塔波胶的需求如此狂热，以至于：

……新加坡周边的各个国家都被人们搜了个遍，人们疯狂地寻找古塔波树的踪影，当地居民几乎也掀起了一阵采集古塔波胶的热潮。最终，仅仅用了四五年，多达几十万棵的参天古树就这样被无情地砍伐殆尽。周围国家的森林跟新加坡的一样，也是光秃秃的一片。

奥克斯利指出，1843年至1847年，人们几乎伐光了新加坡岛上的古塔波树。据报导，马六甲州和雪兰莪州的古塔波树最晚于1875年灭绝，霹雳州地区的古塔波树最晚于1884年灭绝。在发现古塔波胶的最初几年里，人们就表达了对树胶枯竭的担忧，随着时间的推移，这种担忧也变成常态。自1876年起，好几篇《邱园报告》（The Kew Reports）对古塔波胶的供应表示了担忧，报告写道：

人们觉得在马来森林有利可图，这一地区便遭到了如此之快的破坏。当地人砍掉了所有可用的树，刚刚长出枝芽的树木也难逃砍伐的命运。过去的40年里，人们的乱砍乱伐严重阻碍了树木的再生与繁殖。

到了19世纪70年代，在英国统治下的马来半岛地区，古塔波胶的供应受到严重威胁，马来半岛港口的古塔波胶出口也逐渐停止。

即使1874年英国再次扩大了海峡殖民地的范围，将邦咯岛和天定群岛划归在内，得到170平方英里主要生长着古塔波树的领土，却依然未能缓解供应压力。由于英国耗尽了管辖领土上的古塔波胶资源，又在1824年《英荷条约》中，毫不知情地将绝大部分古塔波胶产地拱手相让，最后便不得不依赖外国，从婆罗洲岛和苏门答腊岛进口古塔波胶。1879年，人们为了获取古塔波胶，在婆罗洲岛上砍伐了500万棵古塔波树，仅沙捞越地区的古塔波胶出口量就超过了3300吨。

邓恩在其热带雨林经济学的开创性研究之中，描述了古塔波胶从森林深处走向全球市场的过程，说明了其中复杂的空间网络和经济网络。虽然邓恩的论述特别针对马来半岛，但多位作者（例如克利里）认为邓恩的结论也同样适用于该地区的印尼群岛。下文给出的古塔波胶运输路线就是基于对邓恩文章的总结。古塔波胶的主要采集者是居住在森林深处的当地居民，他们以狩猎和采集为基本生活方式。他们将未经加工的树胶卖给初级贸易商，有时这些初级贸易商是同族中的行家，但大多数情况下这些商人都来自附近其他的土著族群，他们有利用河流运输进行贸易的更便捷条件。初级贸易商主要将古塔波胶卖给定居在沿河或沿海地区的二级贸易商。二级贸易商大多是马来人出身，但随着市场扩大，越来越多的中国移民商人开始沿河或沿海涉足这个生意。

二级贸易商将他们的古塔波胶卖给三级贸易商，三级贸易商是主要港口的老牌出口商。这些商人以中国移民为主，在树胶市场还未壮大时就已经建立了自己的买卖，做一些西谷米和燕窝的生意并将其出口到中国。无论是从经济因素还是地理因素来看，这些中国商人都处于一个有利位置，能够在繁荣的古塔波胶贸易中得到更多的好处。中国商人作为三级贸易商，早在如火如荼的树胶贸易前就已建立好了贸易网络。事实上，在英国人在该地区站稳脚前他们就已将自己的生意发展壮大。随着古塔波胶贸易出口量的增长，越来越多的当地居民开始采集古塔波胶。以前用于贸易的羊肠小道变成了康庄大道。随着二级贸易商的领地不断扩大并进一步向河流上游推进，更为专业的商人也随之而来，直至最后形成了完整的丛林产品贸易网。英国在新加坡、马六甲、马来半岛的槟城以及婆罗洲岛的纳闽和古晋的港口都变成了转运港，接受那些较小的二级贸易港的古塔波胶托运业务，将其大量送往全球市场。自19世纪50年代起，古塔波胶开始被《新加坡与海峡年鉴》（*the Singapore and Straits Directories*）列为主要出口产品之一。

值得注意的是，丛林产品网络的空间维度并不受国际地理界线的限制。起初树胶原产国的主要采集人群大多是流动人口，与外界几乎没有联系。虽然他们与邻国来往不多，但因为邻国与外界建立了良好的贸易关系，所以这些采集者便依此出口自己的产品，进口所需的货物。帝国忠诚以及国家政治并未对此时的贸易产生多大影响。婆罗洲岛和苏门答腊岛森林产的古塔波胶通过最便利的水路送抵海岸，这一做法既未尊重古塔波胶采集之地的土地所有权，也未尊重采集者和贸易团体名义上的国籍。在丛林深处或较小的港口中并没有英国政府（或者荷兰或文莱政府）参与古塔波胶贸易。英国对贸易网络的参与始于在沙捞越和海峡殖民地的港口提高古塔波胶的进出口关税，并在确定目的港后，将树胶运往全球市场。

这一视角与某些评论家的观点形成了鲜明的对比，其代表人物是塔利。他们将古塔波胶视为教科书式的殖民主义案例，认为大英帝国要为马来半岛和印尼群岛古塔波树的灭绝负全部责任。这些评论家将古塔波树的灭绝描述为一场规模空前的人为生态灾难，认为是帝国无情地耗尽了殖民地周围的资源。但如果人们将这种似乎言之有理的论述解构，就会发现对帝国的传统认知有些肤浅生硬。当人们就社会、物资和地理方面的复杂因素考虑供应网络时，会发现帝国并未控制古塔波胶的贸易，责任、罪责以及剥削的定义也变得模糊并充满偶然性。古塔波胶贸易网络的控制权到底在哪里？是私人电报公司（大多数情况下是跨国公司）创造了对古塔波胶的持续需求。而位于港口的出口商，主要是三级贸易商，则满足了这些公司的需求，而且可以自由地与任何人进行贸易。二级贸易商和初级贸易商以没有政府治理的森林深处为基地，从当地居民那里购买未经加工的古塔波胶，当地居民没花一分钱便大肆采集当地资源。古塔波胶的贸易网络表现出了一种自主性、灵活性和非正式性。在丛林产品市场上，没有债务、没有土地业权人，也没有胁迫。[1]古塔波胶贸易没有国界界定，也未依靠权力，有的只是微乎其微的外部协调干预。

依赖

英国政府在那时敏锐地意识到自己对本国最重要的原材料之一——古塔波胶的供应几乎没有控制权。英国政府作为古塔波胶产品最大的受益者（尤其是英国海底通讯），发现自己对这种越来越离

1 这与西谷米和稻米的市场不同，这两种作物都是印度尼西亚的定居民族种植的，受到了剥削经济的残暴压榨。——原书注

不开的产品几乎没有任何控制力。电缆公司抱怨古塔波胶的供应量和质量经常会发生变化，其中包括蓄意在胶体中掺入树皮和劣质橡胶，在收到古塔波胶后不得不清洗处理这些东西（参见奥克斯利和甘布尔关于纯度的讨论）。1847年汉考克获得的第一批专利中，就包括一种用来清洁未经加工的古塔波胶的机器。此外，在古塔波胶的运输途中还普遍存在一些小的欺诈行为，比如在分量重的木头、石块或金属块外包裹一层薄薄的古塔波胶，与实心的古塔波胶块掺杂在一起发给买家（据查尔斯·狄更斯记录，他在参观西尔弗镇古塔波胶工厂时，经理曾向他展示大量掺假的古塔波胶块）。海德力（Headrick）克指出，复杂的供应链中每一个环节都存在欺诈行为，每一双手都在参与古塔波胶造假。

自树胶出口开始后，人们不断表达对树胶采集业的不可持续性、缺乏远见性，以及无人管理也无法管理的森林系统的担忧。例如，将古塔波胶引入西方短短几年后，奥克斯利在1847年指出“如果不采用比现在更有远见的采集方法的话”，那么未来古塔波胶将出现供应问题。19世纪70年代，电缆业的繁荣发展加剧了古塔波胶供应的匮乏，许多人也纷纷发表文章，呼吁采取行动应对这一情况，其中就包括柯林斯、塞勒斯、布兰特以及电报工程师塞里格曼－路易（Séligmann-Lui）（塞里格曼－路易曾在1881年带领第一支西方古塔波胶探险队进入过苏门答腊岛森林，他是有亲身体验的）。

建立更好的一级资源渠道（根本不会损害英国在该地区的其他贸易利益），能够改善古塔波胶的采集、纯度以及供应网络方面的问题。英国从各个方面着手去获得更多的古塔波胶原料。英国政府首先开始对古塔波树主要生长地区进行干预，1846年英国政府通过谈判从文莱苏丹手中获得了沙巴海岸之外纳闽岛的所有权。该岛于1848年被确立为英国直辖殖民地，由沙捞越的“白人国王”詹姆斯·布鲁克斯（James Brookes）担任总督。1874年邦咯岛、天定群岛和马来半岛上的韦尔斯利省也被割让给了英国。英属北婆罗洲公司成立于1882年，管辖面积3万平方英里，包括现在的沙巴地区。沙捞越、英属北婆罗洲和纳闽岛于1888年成为英国的保护领。然而，最有希望增加古塔波胶供应的方法来自一个完全不同的地方，那就是英国皇家植物园邱园。

本土树木

英国皇家植物园邱园建于1759年，是一个专门种植药用植物并充满异国情调的药园。1772年，约瑟夫·班克斯（Joseph Banks）接管了植物园的运营，在“农民”国王乔治三世（King George III）的热心资助下，邱园开始具备了经济价值。班克斯大力发展本地和外来植物，以推进大英帝国的发展。在班克斯的管理下，邱园成为了全球经济植物学研究的中心。据说任何一艘英国船只从殖民地启程时，都会带着给邱园的植物标本。1820年，约瑟夫·班克斯和国王乔治三世相继离世，邱园的未来岌岌可危。经历了近20年的衰落后，1838年，在约翰·林德利（John Lindley）发表了《关于邱园未来的报告》（*Report on the Future of Kew*）之后，邱园的命运才终于尘埃落定，他在报告中写道：

政府可以从这样一座花园获得与建立新殖民地地点相关的真实官方信息，邱园就为英国政府提供了了解这些信息所需的植物。

1841年，邱园崭新的具体使命得以确立。当19世纪40年代古塔波胶进入欧洲视野时，邱园正经历着一场转向科学化发展的运动。1848

年，威廉·胡克爵士（Sir William Hooker）在邱园建立了一个经济植物博物馆，目的是对世界上所有可能有用的植物标本进行分类和展示。

为了实现这一目标，邱园的负责人重新利用班克斯在18世纪晚期与殖民地建立起的网络，与世界各地建立了新的联系。邱园不仅开始再次收集植物标本，还增加了与国外其他植物园的交流，进行工作人员培训，并鼓励建设新的植物园。这种努力得到了回报。19世纪末，更确切地说是从1883年开始，113个植物园（或者说是从1883年起它们的经济型分支机构——植物站）开始投入运营。这些国际植物园将新发现的或者看起来有希望成为有用植物的标本及种子，如古塔波胶，送到邱园。邱园会培育这些植物，对它们的产量和生长条件进行实验，然后将这些植物送到殖民地的其他植物园中，以种植园式的农业形式来繁殖植物并且从中获利。邱园很快就成为涵盖广泛的国际经济植物中心、世界领先的研究中心和新型有用植物的进出口中心。

邱园所创造的全球植物景观是非正式的，得益于热情的业余爱好者、各地园艺协会、邮船和英国殖民部给予的友好帮助和共同维护。植物标本的收集者通常是英国的行政人员、传教士和殖民地定居者（许多人也渴望发现新的植物物种，获得为它命名的最高荣誉）。这些植物标本收集者通常与殖民地的植物园有一定的联系，而植物园又由当地协会或当地殖民政府管理。收集到的植物标本（大多数都免费）要么交给顺路去往邱园方向的愿意帮忙的船长，要么交给英国皇家海军或英国商船队。英联邦代办（有自治权的殖民办公室官员）会为所有运往邱园的货物安排免费运送。无论是“植物小屋”和前蒸汽时代的船尾甲板温室，还是体现技术创新的沃德箱（即一种用以培育植物的便携式密封玻璃容器），都是通过转运大量的小型器物，最终促成了邱园中的全球景观。在种子容器和运输媒介方面也有过许多伟大的个人实验，在某段时间里，人们几乎尝试过了所有的植物包装方式和植物包装材料。据麦克拉肯估计，每年运往邱园的样本数量简直大得惊人，能有1万份左右。

古塔波胶的情况也与皇家植物园邱园的景观密切交织在一起。当古塔波胶第一次引起欧洲电报公司注意时，邱园也第一次真正地踏入了经济植物学的未知领域。邱园与古塔波胶的首次接触是在新加坡的中央森林武吉知马（Bukett Timah），托马斯·洛布（Thomas Lobb）在那里收集了最初的古塔波胶样本，并将其运回邱园的植物标本室。这些样本随后由邱园园长威廉·胡克进行分类、鉴定、编目和命名。这种对排列的高度重视代表了邱园早期在经济植物学中发挥的作用。就古塔波胶而言，邱园整理并宣传了产出古塔波胶的众多树种，而且说明了哪种树适合什么用途。邱园还要求对进口古塔波胶的样品纯度和品质进行评估鉴定，这意外地减少了出口市场中掺杂劣质树胶的数量。

通过与各个国际植物园中“外勤人员”保持频繁的沟通（执行是非常严格的），邱园完成了对植物信息收集的工作。新加坡人对农业园艺的兴趣始于19世纪20年代的史丹福·莱佛士爵士（Sir Stamford Raffles）[1]。阿尔梅达（Almeida）博士和蒙哥马利（Montgomerie）博士作为引介古塔波胶的协会会员，是当地园艺协会的骄傲。自1859年新加坡正式建立植物园起，每年都与邱园交换500多种不同的植物物种。1875年，新加坡成立了专门的园林部门

1 他是第一个在新加坡设立英国驻军的人。——原书注

并由植物园园长亨利·默顿（Henry Murton）负责管理。园林部对古塔波树产生了浓厚的兴趣，该部门确定了采集古塔波胶的合适树种，促成了有选择的砍伐，这一举措也进一步影响了胶木属植物的数量。对于这种迅速消失中的植物，邱园的注意力随后转向了寻找古塔波树的新来源。考察队被派往整个地区内的各处森林，他们划定的生长古塔波树的区域包括马来半岛及周边岛屿、婆罗洲岛、苏门答腊岛和南马六甲半岛，以及爪哇岛、西里伯斯岛和苏鲁岛。人们很快发现自然生长古塔波树的生态区域极其有限，这引起了整个古塔波胶行业的恐慌。面对有限且锐减的自然资源，邱园的科学家们转而开始寻求其他更为创新且可持续的供应途径。

植物园网络以及实验园网络立即投入了运行。人们将古塔波树的种子装在罐头瓶和信封中送往大英帝国的偏远地区。在邱园，人们培殖了上千株古塔波树苗并将其放入了华德箱的植物培养皿中，然后又将成堆的器皿送上了开往热带的蒸汽船。英国人为了在本土种植古塔波树也使出了浑身解数。邱园通讯登载的《大英帝国本土适宜种植的经济植物清单》中记录了古塔波树广泛地分布到英国热带殖民地区的过程。但这一切似乎都无济于事，因为在同一出版物中，依然把古塔波树列为只适合在英国殖民地中的马来半岛、苏门答腊岛和爪哇岛等地种植的树种。凭借植物园的实验网络，天然橡胶树和金鸡纳树[1]种植分布的问题可以说是成功解决。但古塔波树却并未如此，这一树种注定无法在其他地区种植，古塔波胶的供应问题必须在当地寻求解决办法。

1　奎宁（和奎宁水）就是从金鸡纳树提取的。——原书注由于古塔波树种植区的领土主权问题难以解决，所以为古塔波树建立种植园式的培育模式并非易事。此外，因为这一树种不适合采用微创采伐方法，同时也因为古塔波树生长缓慢，所以得在树木成熟之前，至少30年内，最初种植古塔波树的投资将无法带来任何回报。因此，当野生环境中还存在可开采的古塔波胶时，没有人愿意投资古塔波树人工种植也是可以理解的。然而，正如麦克拉肯所指出的那样，“殖民地植物园对林业的影响才是它最为重要的功能，但未有人重视到这一方面”。要是殖民地种植区不受英国人管控，那么邱园就不会取得这么大的成就。1881年，马来西亚的霹雳州曾短暂禁止出口，1887年该地推行了伐木许可证制度。在接下来的几年里邱园将集中资源，努力寻找一种可以在英国统治的领土上生长的合适树种，以替代稀缺的古塔波树。邱园对世界各地的植物都进行了试验，包括在英属非洲的牛油树（Bassia parkii）以及圭亚那的巴拉塔树（Mimusops balata），还有印度的一种胶木树。邱园通讯指出，古塔波胶最重要的市场价值就在于其绝缘性，但这些植物无一例外地都未能成为潜在的电气绝缘体。在探索并穷尽一切尝试后，邱园不得不承认古塔波胶无法像奎宁树一样大范围种植。尽管英国植物学界付出了巨大努力，但野生的古塔波树资源在接下来的时间里依然遭受了无限制地砍伐。种植园里没有成排种植的古塔波树，野外砍伐仍然无人管理，在帝国遥远的角落里也没有高耸入云的古塔波树。

化学

19世纪90年代至20世纪初，古塔波胶材料自身的特性，使这一材料的胶源供应问题最终发生了变化。古塔波胶不仅仅是电缆产业中使用的一种材质，更重要的是，它使这个产业成为可能。如果没有它，就不可能有存在了几十年的跨海电缆。由于没有其他替代品，古塔波胶成为了世界上唯一有效的海底电缆绝缘体。一旦能够完善古塔波胶的生产和处理方法，那么电缆行业就可以实现线路铺设，满足快速通信的潜在需求，迎来大规模建设的高峰。随着全球市场的扩大，古塔波胶的价格也随之上涨。而正是这种成本的相对上涨最终造成了古塔波胶生产格局的变化，这种变化发生在如下几个方面。

古塔波胶种植园首次变得前景可期。1895年，荷兰人在爪哇岛首次（也是唯一一次）尝试建设真正的、大规模的古塔波树种植园。第一批古塔波胶于1908年出产于荷兰的种植园里。[1]然而因为产量少，生产周期长，古塔波树种植园远未真正满足过人们的需求。人们终于开始认真对待天然森林的积极管理。印度森林监察长希尔先生（Mr. Hill）于1900年就此问题撰写了一份报告，建议当局采取一些早该采取的措施——任命一名正式的林业官员，保留可种植古塔波树的土地，积极管理现有古塔波树，并禁止人们砍伐。这份报告出现的时机就很能够说明一些问题，该报告反映出英国在该地区开始形成了一定的政治影响力。1882年，英属北婆罗洲公司成立，1895年，马来联邦被割让给英国，这使英国人第一次能够直接获取古塔波胶原材料。帝国主义通过高压手段最终从中国商人和当地古塔波胶采集者的手中夺取了森林的控制权。

---

1 英国直到1915年电报建设和维护公司在马来西亚建立了自己的种植园后才开始商业运作。直到20世纪20年代末期才开始生产古塔波胶。——原书注

促成改变的最重要因素在于人们迫切地想要知道从分子学角度来说为什么古塔波胶是如此神奇的绝缘体。古塔波胶出现在了每一个实验台上，这一次人们并非想要研究古塔波胶新的应用前景，而是为了明确古塔波胶的组成成分，探究如何利用这个成分构成并找到古塔波胶的替代品。这项研究的早期成果由塞勒斯得出，他凭借对古塔波树落叶及树枝进行浸渍和酸处理的办法，回收了古塔波胶，塞勒斯也因此获得了一项专利。人们也曾尝试用其他材料完全替代作为绝缘材料的古塔波胶。例如，托马斯·克里斯蒂（Thomas Christy）用动物胶和甘油制成的绷带申请了专利，这种绷带可以用来代替用于电缆绝缘的古塔波胶。而珀塞尔·泰勒（Purcell Taylor）则发明了人造古塔波胶。但这两种替代品最终都消失得无影无踪了。

有关古塔波胶的这些研究培育了一个新兴的化学产业。在电报建设和维护公司这样的地方，工程师们为了给出树脂、树胶和增塑剂的完美配方，慢慢识别出了真正组成古塔波胶的各种成分。工程师们可以用这个配方来处理质量较差（因此更便宜、供应更充足）的古塔波胶，去除其中不需要的成分，并用从石化产品中提取的成分替代缺失的成分。这使得我们对于植物属性，更重要的是对石油化合物属性的深刻理解迅速发展，从使用现有材料到合成全新材料的用时也随之缩短。1898年，同是在电报建设和维护公司的实验室里，第一种人造塑料——聚乙烯诞生了，它将取代古塔波胶成为电气绝缘体，并减轻人类对野生古塔波胶的依赖。起初，马来西亚和印度尼西亚的热带雨林遭到了有选择性的掠夺，天然塑胶逐渐减少。古塔波胶的时代已经结束，它成为了自身优异的特性的牺牲品。

结语

相比任何其他材料，也许古塔波胶更能称得上是19世纪的经济器物。人们凭借古塔波胶的特殊质地生产出了干爽的靴子，创造了无感染牙科，制作了不会爆炸的电池。更为举足轻重的是，古塔波胶引发了一场国际电信产业的革命。我们如今相互联系的现代世界，正是建立在这场革命的基础之上。这场革命不仅改变了国际贸易、政治和战争，也为人们带来了安全感，让彼此心爱的人能够团圆，更为人们塑造了新的身份。古塔波胶是极为特殊的材料，它原本只是一种无足轻重的丛林产物，后来却成了全球最受欢迎的材料。古塔波胶不仅影响了大英帝国的发展，激发了人类空前的贪婪，而且顽强地抵抗住了所有想将之本地培植的尝试。古塔波胶就好像一名天赋异禀的石油化工学教师，指引人们实现了从天然树胶到合成塑料的突破，引入了20世纪具有决定性意义的经济材料。

第四章

日常器物

丹·希克斯

考古学思维里有一个与众不同但又问题重重的奇思妙想，即根据技术甚至更宏观的社会与文化所依赖的物质原料，来勾画或描述人类过去的各个时代，比如石器时代、青铜器时代、铜器时代、铁器时代，甚至是塑料时代和轻金属时代。而在轻金属时代，人们用金属板条、金属棒、金属管子、金属粉末生产马口铁罐、铝箔、窗户框架、刀叉餐具，制作自行车车身、镁合金航天器以及汽车发动机零件，制造钛牙种植体和钛合金骨关节。无论是你口袋里的苹果手机（含铝量为24%），还是毕尔巴鄂古根海姆博物馆（1997年落成）的钛包层，都属于这一时代的新式纪念品。但是人们认为，这个充斥着由企业殖民主义导致的生态灾难的世界需要彻底改变从供给侧对时间的记述，以记载拿走了多少产品而非生产了多少产品，并记载除了创造价值还有榨取资源的情况。此情况下，我们又该如何理解18世纪和19世纪的“日常”器物?

在考古生涯中，偶尔会发生时间地理上翻天覆地的转变，而本章可算作其中之一。自2015年起，我作为本系列的两位主编之一，从与布鲁姆斯伯里出版社编辑第一次讨论《透过器物看历史》系列的6卷书，到2020年3月本章完成共历时5年，其间就见证了一次这样的转变：1760年到1990年这段时间里，人们对器物性的看法的概念转变。这一变化指的是欧洲殖民主义的持续影响及在此过程中器物概念所处的中心地位的改变。但从考古学的角度，这种时间性现象中最著名的案例，或许就是第二次世界大战后放射性碳14定年法的发明，或者至少我想以此类推展开叙述。

放射性碳14定年法（radiocarbon dating）是以了解物质的时间深度为目的，通过对有机残骸取样并测量其内部的同位素碳14（the isotope carbon-14）的衰变，测定出物质绝对而非纯粹相对的年代。由此产生的两个结果也影响了考古学家对“过去”概念的认知。首先是“短年代史”的终结，人们发现按中石器时代、新石器时代、青铜器时代和铁器时代排列的旧世界史前晚期，其时长可能是以前猜想的两倍。其次因碳14定年法能够匹配世界不相连地区的时间序列，诸如格雷厄姆·克拉克（Grahame Clark）的考古学家所设想的那种“世界”史前史也成为可能。

维尔·戈登·柴尔德（Vere Gordon Childe）基于新石器时代农业和青铜器时代城市主义建立的所谓“革命”的考古构想因碳14定年法而破灭，这成为这位著名考古学家1957年10月自杀的原因之一。也就是说，他的自杀不仅仅是因为他对社会组织的发展理论失去了信心，还因为埃及、近东和欧洲的日期线的重新校准，使他的社会变化模型的序列发生了改变。

测量数万年来动植物死亡后的放射性衰变的定年法，使原来的时间底盖脱落，原来的时间深度翻倍，从中美洲到美索不达米亚文明以前不相关的文化顺序得以重组，这些都促使了大毁灭科学理论的产生。世界大战中诞生的“世界史前史”，“放射性碳革命”取代传统意义上的革命，这些都在提醒着我们，19世纪和20世纪初军国主义与考古学之间的长期联系并没有简单地消失，而是以知识、世界观以及全球殖民史这样的新形式而不再以土地殖民或是资源开发的形式出现而已。在去殖民化的初期，全球范围内的考古时期定年都开始渐渐通过原子测量法的半衰期来进行。

本章中我想表明，无论是就规模和范围而言，还是就地理范围或时间意义来说，我们对19世纪至20世纪早期，尤其是对器物占有的理解，与如今发生的事件存在着可比性。现在距离1945年8月6日广岛和8月9日长崎的原子弹爆炸已经过去了70多年，这就好像是从相反的时间点来看待核时代的半衰期，这个过程中关于器物性的认识不断退化，距其顶峰时期的1870年已过去两倍的时间距离。

本书是布鲁姆斯伯里出版社6册《透过器物看历史》系列中的一册，本书的标题就是断层线（fault line）的开始。从“古代”（公元前1000—公元500），到“中世纪”（500—1400），到“文艺复兴”时期（1400—1600），直到“现代”（1920—至今），该系列书籍的所有主题一起贯穿了3000多年的世界历史。我与布鲁姆斯伯里出版社编辑的第一次会面是在伦敦国家美术馆的咖啡馆，与其第一次谈话的主题就有关于本系列书籍中十足的欧洲中心论（Eurocentrism）。显然，欧洲中心论可能符合西方标准下一些片面的艺术历史观，但这对世界上多数地区和人民而言都绝无意义。而且更糟糕的是，欧洲中心论只是一系列不平等意义的部分简略表达。例如，将南美洲的历史压缩为欧美观念中的现代化时期，或者认为大津巴布韦遗址和复活节岛的摩埃石像无论如何都属于“中世纪”时期。更为糟糕的是，欧洲中心论设计了一个时期框架，将某些地区和时代排除在外。这一理论甚至认为欧洲没有新石器时代，南美洲没有形成期（亦称为前古典期），日本没有绳文时代，中国没有商朝。甚至还认为在欧洲人到来前的几个世纪，澳大利亚和其他地区都没有各自的历史。1587年，沃尔特·罗利（Walter Raleigh）在罗阿诺克岛的殖民行动以失败告终，1600年，东印度公司获得特许经营权，1591年，汤迪比战役中摩洛哥苏丹国击败桑海帝国，甚至是在此几十年前的弗朗西斯科·皮萨罗（Francisco Pizarro）征服秘鲁，将这些统统称为“文艺复兴时期”显然存在诸多问题。然而《透过器物看历史》系列中却将1600年至1900年的两个阶段称为“启蒙时代”（1600—1760）和“工业时代”（1760—1900），这比上述的那些问题错得更离谱。

将18世纪的最后40年和整个19世纪这140年都囊括在“工业时代”这个术语当中，这是根本不可能的。

其他系列的编辑用不同的方式处理了这一问题。本系列中一些其他的主题丛书也采用了“帝国时代”作为替代的描述方式。

我们应该如何应对混乱的时代划分？时代的划分又意味着什么？

“日常器物”一词在此思考之下又该援引何种时间概念？此处是本系列第5卷的第4章，也是全卷48章故事中第36章，即便不太可能有人会从头到尾阅读完全卷丛书，可一旦有人如此，就会发现

《透过器物看历史》中的时间框架存在诸多问题，即便这些问题还未构成危机，但也算到了需要解决的紧要关头。我与编辑很快从“欧洲中心论”谈到第1卷中出现的一些时间框架限制，也表明了“公元前500年，甚至公元前1000年是否可能还未出现器物”的观点，又谈到了西方创造的客体概念与主体概念区别的问题。显然，狭隘的观点认为有人的存在就有器物，就有把物体变为器物的技术，正如博物馆里所展出的一样。但我举个例子，商品与礼物的概念是截然不同的。通过经验、依据物质材料得出的证据有着主体区别于客体的概念转变，也会带有历史特性以及地理特性，而且通常会带有欧洲中心论的本质，看起来可能会符合本系列丛书给出的时间框架。物体何时转变为了器物？如果说5000年前亚洲西南部在青铜器时代因需要记录实物交换而产生了货币，当时人们把货币作为一种可随身携带的债务提示，那么到了铁器时代是不是就产生了集知识与实物于一身的器物？或者说更有可能的是，信息与物质结合的开端并非如同具象的实体转变为抽象的正统经济学，或是转变为最初的笛卡尔智慧观（proto-Cartesian intellectual gesture）那样，一下子就发生翻天覆地的改变？这种开端就好像拉丁语词源obiectum（客体）一样，呈现在感官与头脑面前，展示其自我携带的知识信息，传授一堂客体的课程。这种开端介于双眼与世界之间，甚至在其之间形成对立，形成干预，形成异议。这种开端的出现也是逐步的，是需要经历数代人，数个世纪建立起来的主客体关系，这就仿佛是制造出来的东西无法脱离人的特性一样。

如果器物性的出现是某种西方唯物主义的意识形态的结果，是在两三千年的时间里逐渐形成和建构的，那么本章所涉及的时期就尤为关键。自2015年来我与编辑交流后，很明显有些事情发生了转变，将17、18、19世纪的划时代组织结构囊括在启蒙运动和工业时代期间，这就是问题的本质。1600年至1900年的欧洲作为活跃的利益相关方，在区别人与奴隶的范畴时表现出了一种心照不宣的困惑。每当谈及在全世界范围内欧洲的所作所为，总是少不了欧洲以工业奴隶制对人类造成的侵犯；以发动者的身份进行破坏；以大规模生产倾销商品；以开发新式战争技术剥夺人类生命；以强取豪夺从原住民那里获得土地；对资本主义和殖民主义的狂热崇拜，曾差点儿就毁灭掉不可分割、不可侵犯的人权，而这种狂热的崇拜本是源自物与物之间的关系，而非人与人之间的关系。欧洲的一切所作所为，都为世界所见证。

如何布局基础设施？如何研制出将物体转化为器物的技术，以及能把这种替换付诸实现的设备？例如商店门面的玻璃橱窗和博物馆的展窗就可以相互替代。从采矿工作最初使用的钢镐，到后来的纽科门矿井抽水机，这些技术的诞生使得数亿年前形成的矿物成为如今可供开采的原料，但也造成了地质学的转变。从单桅帆船到散装货船，再到超大型油轮，航运技术的逐步发展使欧洲能够把毒品、食品、茶叶、糖、烟草和咖啡等各类货物从殖民地运往世界各处，货物的流通也使我们可以在几内亚海岸买到铜丝和曼彻斯特产的货物。随着运河驳船和货运火车的到来，种植园内开垦的新田，以及压榨机、蒸煮室和蒸馏器的出现，半精炼的甘蔗就可以加工成糖、糖蜜和朗姆酒送进仓房。随后用双耳罐或酒瓶进行包装储存，装入集装箱冷藏。最开始，人们使用木材或石材建造房屋内的主要公共空间，在家中生火做饭，制造器物、使用器物、耗费器物，这和货船的演变一样都是一种革新。再后来，有些人变成了生产者，有些人变成了消费者，有些人则变成了奴隶般的器物。这些对于工业时代，或是帝国时代，又或是工业帝国时代（又或是称为其他时代）的日常器物而言，又有何意味？

***

在丰富多彩的历史记载里，我们对有些事情虽想一探究竟，但依然无法发现其中的奥秘。平凡的人做着平凡的事，过着平凡的生活，他们的想法也不值得关心。

正如卡罗琳·怀特（Carolyn White）在本卷序言中所提及的那样，此系列需要调查大量潜在文献，我们需要画出一个关系网，厘清其中的脉络。对在此时间框架内有关“日常器物”的问题，詹姆斯·迪茨（James Deetz）撰写的《被遗忘的小事：早期美国生活的考古学》（*In Small Things Forgotten: The Archaeology of Early American Life*），作为颇具影响力的结构主义研究作品，也成为了历史考古学家通常情况下的出发点。现如今，距他研究成果的出版已过去50年之久，这份研究是否还能够给我们眼前所面临的问题提供多样的视角呢？

把这本书的初版捧在手上，又小又薄，比我的苹果手机没大多少。1996年修订的第二版中，增加了一个章节，叙述非洲裔美国人的生活以及物质文化，当然，其中也有涉及欧洲中心论的内容。20世纪50至60年代迪茨在哈佛期间所做的这份研究，其中纯粹的现代主义也闪耀着光芒。凭借民俗学家亨利·格拉斯（Henry Glassie）的影响，迪茨还把文学和结构主义的方法进一步融入到物质世界的日常，让他的作品重塑了民族历史。20世纪70年代，历史考古学产生了争论，考古学家将“梦幻主义”与“现实主义”进行对比，将结构主义的思想，即阅读非书面语言的思想，运用到日常生活中。这种结构主义更像是罗兰·巴特（Roland Barthes）在现代神话学中的白话结构主义，而非对监狱和医院感兴趣的米歇尔·福柯（Michel Foucault）那种以结构主义为基础的文字结构模式。米歇尔的文字结构模式则能够穿透过去，由表及里看到器物背后的思想。可以说，仿佛就是潜规则构建了现实。显而易见，这对考古学家来说吸引力无疑是巨大的。在普通的器物中，来自过去的不起眼的陶器碎片和骨头并不是没有价值的残渣碎片，因为我们能够见证其背后的思想、文化体系、思维模式以及其他无形的知识。

从这方面来看，迪茨更倾向于人本主义的人类学，而非以过去超科学建模形式为典型的人类学。这一理念与20世纪60年代后期的历史考古学的定义相违背。迪茨理念的核心就是采用“分析法”，对“日常被遗忘的小事”进行评估，然后与“历史研究或装饰艺术”形成对比。

从广义的社会科学基础角度来看，对历史上并未提及且过去最普通细节的欣赏，以及对艺术史上不起眼的最普通文物进行评估，才应该是历史考古学的特征。

但迪茨对日常生活的赞歌建立在白人故事的基础之上，他的研究甚至不由文化接触研究推动，而是对信仰体系中不断变化逻辑的怀旧叙述。他书中有1765年马萨诸塞州的普林普顿，1745年罗德岛的朴茨茅斯，1795年马萨诸塞州的塞勒姆，再到1932年独立的弗吉尼亚州，紧随其后的就是对1765年马萨诸塞州金斯顿的追述以及最后对1658年马萨诸塞州普利茅斯的追忆，这6个时间节点便是他书中的开场片段。书中介绍的木质结构建筑、墓碑雕刻、家用陶瓷的购买与破损、班卓琴的演奏，以及美国东部沿海的财产遗嘱清单，在亨利·格拉斯（Henry Glassie）之后为迪茨所用，借以描述逐渐兴起的“乔治时代风格[1]”。随着格拉西研究的乔治风格几何结构建筑逐渐取代并改变了民间风格建筑，迪茨也着手将几何建筑风格应用到了更广泛的物质文化领域。无论是室内的壁炉，还是户外的教堂庭院，都采用了这种乔治风格的几何建筑风格。后来这种风格一直延伸到财产遗嘱清单中的衣物、亚麻布、备用床、厨房器皿、书籍、玻璃窗以及烟囱。就连新增作特殊用途的家庭空间，例如客厅、餐厅、育儿室、书房、卧室以及家庭成员和仆人或奴隶之间分隔的区域也都采用了这种风格。在研究地方民间建筑时，无论是非洲裔美国人居住的火枪棚房、荷兰的谷仓，还是弗吉尼亚州的莱茵式房屋，又或是用法国桩基加固的建筑结构，都对少数族群的研究十分重要。尤其是作为建筑历史学家大卫·哈克特·费舍尔（David Hackett Fischer）箴言的《阿尔比恩的种子》（*Albion's seed*），同样也有着举足轻重的地位。弗吉尼亚海潮区本土的殖民建筑，也为迪茨提供了更全面的“民俗文化”模式的最佳物质范例。

在1607年英国人于北美大陆建立第一个海外永久殖民地——詹

1 此处专指乔治时代建筑风格，流行于英国汉诺威王朝前四位君主（乔治一世、乔治二世、乔治三世和乔治四世）统治时期，对当时世界的建筑风格产生了较大影响。它本质上是古典主义建筑风格，强调结构对称，特点是追求比例和平衡感。——译者注姆斯敦镇半个世纪之后，也就是直到1660年左右，这时兴起“英美殖民文化本质上是旧英格兰文化”以及“在新世界土壤上建立的传统英国乡村”的概念。第二阶段大约从1660年到1760年，这段时间见证了有着复杂区域多样性的北美殖民文化因发展出了强大的地区文化而开始远离英国母体文化。最后，从1760年到1800年，“美国文化的再英国化”发生了，其核心源于新“乔治时代风格”，迪茨将其描述为类似于文学理论家肯尼斯·伯克（Kenneth Burke）所说的“辞屏”。我们可以从物质文化形式的变化中看到不关乎物体大小的“辞屏”（a terministic screen），如墓碑、坟坑、房屋、垃圾、肉块、食谱、陶瓷、家具和餐具等。这种从“传统”到现代的根本转变牵扯了多种新式的“秩序与控制”，也跨越了多种不同形式的物质文化。

秩序与控制：被称为理性时代的18世纪不仅见证了西方世界科学思想的兴起，还目睹了英美世界文艺复兴时期平衡与有序的衍生发展形式。到1760年，大量的美国殖民者接受了这种新型世界观。他们把从前自然的变为机械的，不均的变为平衡的，集体的变为私有的，这种理解世界的新方式就是第三阶段的特点，并且一直延续至今，很大程度上也诠释了我们自己看待现实的方式。

因此，迪茨的“历史文物的结构分析”提出了一个广泛的历史叙述概念，描述了从“中世纪”到“乔治时代”世界观的根本性转变，这种观念的转变约在1710年从美国大城市中心传播开来，并大约在1760年至1800年广为流传。在迪茨看来，随着乔治时代风格的出现，人们的思想发生了历史性的转变。迪茨最著名的是通过分析墓志铭风格后得出的观点，在漫长的18世纪，他通过一系列缅怀故人的纪念活动，来解读人们对死亡的态度转变。彼得·贝内斯（Peter Benes）和埃德温·德特弗尔森（Edwin Dethfelsen）对“民间墓碑雕刻”的研究也启发了迪茨。在1680年到1820年期间，人们用铅笔、纸和相机记录了墓地风格的转变。这种转变也成为了一次考古学的实验，迪茨仿佛把墓地想象成了考古实验室，展示了马萨诸塞州的伍斯特县到大西洋海岸线，以及新罕布什尔州到科德角的墓地风格演变。大约在18世纪中叶，墓碑上通常刻有死者带着翅膀的头骨、交叉的腿骨、沙漏、棺材以及柩衣，之后逐渐变为长着翅膀的小天使（通常只有脸部）。到了19世纪初，人们不再使用带有弧度的圆形墓碑，而开始选择长方形轮廓，墓碑上的雕刻装饰也变为了骨灰瓮和柳树。墓志铭也从“这里长眠着”（Here lies）变为“纪念”（In memory of），这也标志着人们对故人死亡的理解发生了变化。随着时间推移，英国斯通汉姆公墓到波士顿以北的墓地呈现出一种“风格的连续性”，上述的三个战舰曲线（three battleships，一种考古学分析方式）可以代表这种历时变化。

20世纪60年代早期，路易斯·宾福德（Lewis Binford）基于逐渐变窄的烟嘴以及逐渐变大的斗钵，做了一项著名的烟斗柄定年（pipe-stem dating）研究。同样，迪茨以19世纪发展起来的“系列化”思想为基础，分析了物质文化的战舰曲线，构建了大事年表与时代间的考古学模型，从此也为本科教材中有关年代测定技术提供了现成的讨论素材。迪茨的这种观点认为，物质文化标志了美国不断变化的世界观，并且人们不仅可以依靠石头、黏土或钢铁制造的器物来理解物质文化，还可以凭借构思的“心理模板”、物质形态的认知痕迹以及零碎的思想信念对其进行解读。虽然清教徒（the Puritan）遇到了新古典主义时期，墓碑上的骷髅标志也与18世纪三四十年代的“大觉醒”运动相逢，但在“旧时代”下，从这种通过人们改变日常器物和艺术装饰风格来重塑日常生活的讲述方式，依旧能够体会到新英格兰和弗吉尼亚的人们对过往的怀念。17世纪90年代到18世纪80年代期间，南达科他州中部的阿里卡拉（Arikara）瓷器发生了一系列的样式变化，迪茨在博士阶段的研究主要就聚焦于其中所展现的文化演变。1957年和1958年密苏里盆地项目（the Missouri Basin Project）组在距离汤普森堡以西4英里的地方，对某位克罗族印第安人首领的遗址进行了抢救性挖掘，并出土了数以千计的瓷器碗口碎片。迪茨对这些碎片进行了仔细检查，使用IBM704计算机对陶瓷的风格属性进行了统计分析，试图在有形的器物之外寻找无形的思想世界，从考古数据中推测克罗族人的居住模式。现在，迪茨将类似的想法应用到美国东海岸的白人历史研究上，试图在图案结构与非物质性之间、瓷器与社会结构之间、已知与未知之间寻求自己研究的答案。迪茨的方法于1955年到1960年产生，当时他正在哈佛大学做博士阶段的研究，依托A.V.基德（A. V. Kidder）、欧内斯特·胡顿（Earnest Hooton）、克莱德·克拉克洪（Clyde Kluckhohn）、罗斯·蒙哥马利（Ross Montgomery）、莱斯利·斯皮尔（Leslie Spier）、皮博迪自然历史博物馆（the Peabody Museum）的J. O.布鲁（J. O. Brew）、戈登·威利（Gordon Willey）以及克利弗德·格尔茨（Clifford Geertz）等人的研究，他参照的前人成果中最重要的是，戴尔·海姆斯（Dell Hymes）将其人类语言学观点中的“民族志诗学”（ethnopoetics）定义为人类学表达方式的理论。在此背景下，迪茨也不断发展自己的方法理论。最终看来，迪茨对“文化变革”的理解与马林诺夫斯基（Malinowski）的阐释一致。在马林诺夫斯基看来，文化接触不仅在迈耶·福尔特斯的平行视野中是一个动态的过程，而且与其说用人类学解释欧洲的殖民主义和历史，并将其简化为文化接触，倒不如将其视为欧美文化认知性发展的过程。我们也可以从风格变化的浪潮中理解这种内在的、分阶段的，并且不断外扩的发展过程。而在这样变化的浪潮中，印第安原住民和非洲裔美国人的故事被边缘化，这就好像是一场从旧英格兰席卷到新英格兰的运动，新世界作为旧世界思想传播的容器，为形成“真正的英美的殖民性格”奠定了基础。

迪茨的书之所以重要，是因为它叙述了“认知与物质文化”之间的关联，至今也仍是继亨利·格拉西（Henry Glassie）著作之后最具影响力的作品之一。此外，该书还致力于探寻人类理解力、日常事物以及日常生活实践之间存在的渗透性，并寻求采用结构主义方法理解历史变迁。

记住那些“生活中被遗忘的点滴小事”非常重要。因为，看似微不足道的小事积累起来便是人的一生，也是我们真实存在过的本质体现。我们不能将其忘却，要以全新的想象力来看待这些零星琐碎的小事儿，这样才能对过去和现在的生活有不一样的感悟。书面记录固然重要，但有时候，我们应该把私人日记、法庭记录以及遗产清单放在一边，去倾听另一种声音。莫看书中文字，但观人间真实。

***

迪茨的书对美国历史考古学的重要性，无论如何强调也不为过。书中展现的房屋、瓷器以及墓碑都是相对比较常见的物质文化形式，也是能够留有某些过去思想的证据，它们不仅仅是人类行为或人类技术的残骸，更是通向过去人类世界观的窗户。迪茨独特的过程结构主义从均衡与占有的概念出发，用历史变迁的三元论替代了精神与物质的二元论，并类比了不同形式的物质与非物质文化。最重要的是，迪茨还说明了日常生活理论的重要性，认为关注那一时期人们的"日常活动"，对于研究理解18世纪和19世纪人类的思想有着重要的意义。迪茨的论述也表明，在考古学中英国观念始终留存在美国事物里。不过，迪茨书中对大觉醒时代的颂扬，也反映了某些殖民复兴主义元素的再现。

然而如今，迪茨任何形式的日常生活观都与占有性个人主义密不可分，同样也是占有性个人主义驱动着迪茨的分析。在分析中，日常生活可以用来讲述个人故事，收集到一起的物品也可以看作人类生活形式的痕迹。但这种生活观产生的历史意识也将非洲裔美国人和印第安原住民排除在外。迪茨本想在1996年图书再版时，将这种日常生活观写入书中，但发现这样将会主动抹去大量的物质实践，例如对土地的强取豪夺、残忍的奴隶制度以及被迫沦为物性的人性。迪茨也在书中写道："奴隶的所有权以及珍馐美馔都象征着更为精英的社会成员。"在财产遗嘱清单里，其他应税财产中也包括了奴隶。同样，1957年，南达科他州因修建大本德大坝引发了洪水。在讲述该事件时，迪茨采用了中性的、甚至褒义的词语，描述印第安人被迫从乌鸦溪和下布鲁尔印第安保留地迁移的情景。书中讲述了美国陆军工兵部队和苏族人就城镇布局所展开的讨论，但未曾提及剥夺部落居民土地这一更大的问题。对于当地多采用突堤式、陡顶、原木来建造设计住宅建筑的传统，迪茨则将其解释为一种环境因素，声称这是因为“心怀敌意的印第安居民有发起袭击的威胁”。

迪茨本可以增加一章内容来描述美洲原住民和非洲裔美国人的生活、历史以及世界观。但问题不仅仅在于迪茨忽略了他们，还在于迪茨认为这一时期北半球国家处于发展初期，日常用品（如黄铜、木材、纺织品和其他生活用品）非常富足。他的这一观点掩盖了新殖民主义发起掠夺的事实，以及帝国主义在非洲和南半球地区用尽各种手段实施的剥削行为，即马克思所说的“原始积累”。实际上，对不发达国家的剥削仍在继续。这一时期美国的日常器物的历史本质上就是将强取豪夺自然化的过程。迪茨书中对这段历史的追忆，无声无息地抹去了除了白人以外其他人的生活。这就仿佛弗吉尼亚的陶制烟斗以及英格兰的墓碑建筑都是西方白人哲学的体现，而在烟草种植园中对黑奴的敲骨吸髓、对殖民主义在全球各地的烧杀抢掠却缄口不言。

***

因此，一部分人对18世纪和19世纪日常器物的看法发生了改变，开始将其视为“生活的反映”，这也标志着分水岭的出现。为了看到每个持续存在器物，在这里进行图地反转是必要的。这就像是考古学家对碎片痕迹的记录，就像是被忽视、缺失的、被取走的一部分，通过使这一部分前景化，即将某物放在画面中的突出位置，便可以填补缺失。以下是我对这一问题给出的部分答案，同时我也希望这6卷书能够帮助我们解决这样一个问题，即对于器物概念的历史，我们可以说些什么？本书中讨论的这段时期，是奴隶制盛行以及帝国主义暴力掠夺的时期，是一个从商业资本主义发展到企业殖民主义萌芽的时期。无论是矿业开采还是殖民掠夺，亦或是西非的河流运输系统上载满奴隶的货船，又或是这一时期加勒比海种植园的印度契约劳工，总之开采资源就是重中之重，从中我们也能看到一种特殊器物概念的出现。北半球的房屋里装满了货物，博物馆的玻璃橱窗中也满是殖民时期的战利品，商店橱窗内也塞满了展览的商品。按照迪茨风格传统，考古学家之所以需要研究这么多普通器物，是因为如今欧美的意识形态所导致的。而如今这种意识形态的历史不仅源于欧美将物质资源强取豪夺自然化的特殊待遇，还在于依赖物质所展现的世界观。

作为人类学家、考古学家、历史学家和这一时期物质器物的挖掘者，我们的工作并不是追溯世界观，而是通过历史的碎片，让世人看到欧美曾经赖以过活的破碎世界，看到欧美试图辩驳对南半球国家的劫掠。此类工作不仅可以在欧美博物馆进行，还可以在贸易、加工和消费领域开展。

我们现在仍然需要思考，比如在2015年到2020年期间，为什么“日常器物”在时间与地理上的变化会在如今发生？当我读到迪茨式风格的书籍时，我曾经希望从书中看到底层民众的故事、史前史，以及普通人未被史书记载但却亲切而又非常真实的生活。可如今这些都未曾在书中提及。考古记录就如同历史记载一样，到头来都是胜利者在书中大挥笔墨，是那些拥有“物质”的人又在身后留下了“物质”。“日常器物”中体现的富足同样也代表着一种优越感，在这种意识形态中，美国白人文化通过一些日常器物来丰富自己的故事，声称器物与个人又或是家族存在着某种联系。即使这种文化摒弃了陈腐的暴力行径，抹去了日常的亏损，但日常生活中缺失的部分才是真正未被记载的历史，这些故事和生活也才值得我们今天的关注。除了欧美器物的故事外，本章也对我们需要着手陈述的历史进行了消极的评价。与维多利亚时期或新英格兰时期的任何藏品一样，这种看似普普通通、明显人畜无害的日常用品却代表着一种盗窃的自然化。自2008年全球金融危机以来，我们一直处于持续的殖民时刻中，这个时刻的一部分是英国脱欧和特朗普的时刻，也是结束种族隔离一个世纪后的非洲时刻，“疾风一代”过去两代人后的时刻，德国失去殖民地100年后的时刻，这样的事例还有许许多多。这也就意味着对能说什么、不能说什么，都早已做好了分类，然而有些事情不得不“摆上台面”来明说。这里我们必须明晰的一点，则是日常器物与强取豪夺的关联。相比主体观念，西方对待客体观念有着不同的历史，其核心不仅在于掠夺是否具有正当性，还关乎掠夺的意识形态。随着气候危机的加剧，诸如此类的商品明显无关于欧美的“世界观”，它们仅仅因消费的理念而生产。相反，这些日常器物与大规模生产有关，与私有化有关。器物也与世界本身的变化相关，这种变化正在记录着谁能够像融入自然一样融入文化，记录着谁又不能如此。因此，时间的再次校准就是迫在眉睫的挑战，与其说这是短年代史的结束，不如说是狭隘英美考古学的终结。又或者说这就是去殖民化议程中涉及的物质文化问题，因此也还涉及了贫富问题及不平等问题。关于“文物”的概念，我们确有一段历史，这段历史作为促进虚假“种族科学”的一种手段，让世界上大多数地方都遭到了排斥和忽视。这种科学理论背后隐藏的不仅仅是奴隶制，还有奴隶制结束后对第三世界不断的剥夺。就此来看，撰写该系列丛书的目的就是要写下大量的史前史，写出欧洲和北美以外的世界，从而揭露书中纯粹的种族中心主义，让世人向其发起质问并使其改变。

第五章

艺术

玛姬 ·M. 曹

19世纪法国画家爱德华·马奈（Edouard Manet）和芦笋价格的故事，至今都为人们津津乐道。1880年，马奈将其创作的静物画《一捆芦笋》（*A Bunch of Asparagus*），以800法郎的成交价卖给收藏家查尔斯·埃弗鲁西，然而埃弗鲁西大方地付给马奈1000法郎。马奈因此以另一幅关于单根芦笋的画作《芦笋》（Asparagus）作为回礼。（图5-1）马奈创作这幅画作的时候，将其描绘成一根搭在大理石桌面上的孤独芦笋，并给收藏家附上了一张便条，上面写道："您那捆芦笋，少了这一根。"

马奈试图用画作抵扣埃弗鲁西多付的200法郎的行为，凸显了艺术和商品在工业时代相互联系却又格格不入的状态。作为一位艺术家，马奈格外熟稔艺术与消费文化之间存在的不稳定的关系，并得意于展现市场中不耻且低劣的行为，即对人或物的明码标价。马奈在1865年的画作《奥林匹亚》（*Olympia*）中，大胆地以街头裸体妓女来取代艺术史上的裸体"维纳斯"，这一做法饱受世人诟病。

图5-1 《芦笋》，爱德华·马奈，1880年创作，布面油画，藏于法国巴黎奥赛博物馆，1959年山姆·萨尔茨（Sam Salz）赠予

使用价值是指消费后的物品能够满足人们某种需要的属性，而交换价值则是定义资本主义的现实循环效应。在艺术历史学家卡罗尔·阿姆斯特朗（Carol Armstrong）的评价中，芦笋的故事情节就是一种致幻的代替品，这种替代品戏剧化地区分了使用价值和交换价值。马奈将其绘画对象芦笋这种蔬菜视为可计数的商品，而非单一的创作作品，意在嘲讽市场上艺术与食物之间价格与交易的差异。对马奈而言，芦笋毫无疑问是一种合理的艺术题材，这一笑谈并不是为了提高芦笋的价值，而是为了使产品市场上的画作错位降级，让艺术走近下里巴人。

从某种程度上，这支价格不菲的芦笋表明在工业时代，无论是作为艺术品还是作为商品，艺术价值总是要在这两者的纠葛中才能得以明确。虽然艺术家和批评家已经尽力将这两种器物文化分离到不同的意识形态领域，却依然无法将艺术从工业和商业的控制中解放出来。实际上，艺术市场的增长、全球交流的扩张以及艺术生产的工业化都导致了艺术品的地位岌岌可危，而艺术的商品地位往往会伴随着某种"复仇"重新出现。

启蒙时代艺术品还未受到商品属性的威胁，但如今的情况却说明变革早已在彼时彼刻发生。在18世纪大部分时间里，鉴于劳动力以及物质成本，艺术与商品之间还尚未发生矛盾。但对价值越发随意地定义，也打破了艺术品与商品之间的壁垒。因为与马奈的《芦笋》有着相似特征的艺术品，平衡了作品本身兼为艺术品和商品的双重地位，所以本章的焦点将着重于此。诸如此类的艺术作品也指向了19世纪艺术文化史上的一次重大转变，并且这一在20世纪完全发展成熟的转变，也开创了艺术品与商业贸易之间讽刺且羞愧的融合。

当然，在资本主义时代，对艺术商品化的争论在艺术界是一个永恒的问题。艺术领域中器物交易的表现形式可以追溯到近代早期，当时北欧的艺术家们正如火如荼地创作着放债人的肖像画和对日常生活写实的市场风俗画。在工业时代，我们又该如何区分商品化的艺术品？关键就在于商品化的艺术品往往是不自然地、甚至是荒谬地将艺术融入市场。早期现代画家在创作时，将经济因素视为文化实践（如对宗教的敬拜）的消极陪衬。而工业时代的艺术家却在创作时与金融市场联系在一起，将重心聚焦于画作在市场上的交易以及估值。对于艺术品与经济领域的关系，这一时代的艺术家也向观众传达了更加矛盾的信息。

在工业时代，人们逐渐兴起了对艺术商品化问题的讨论，话题的核心是艺术劳动与审美差异。但无论是由于机械化生产的现实，还是出于对工业化进程的恐惧，这两者都因工业发展而遭受了挫败。工业发展及其衍生的大众文化不仅对艺术造成了蚕食，还给区分艺术的边界带来了压力，使得人们不得不齐心协力来重新调整艺术的边界。与此同时，社会上还出现了这样的趋势，即将艺术视为一种独立于手工艺品外的其他形式的事物，期望让艺术免受贸易与机械化的影响，推动艺术“产业化”，从而将精致的艺术展现给世界各地各个经济阶层的观众。

就18世纪绝大部分时间而言，美术和实用艺术都依赖于手工劳动，所以人们将二者理解为商品生产过程中联合在一起的产业。渴望提升技艺水平的画家和雕塑家发现，在艺术界的地理边缘，这种见解最为顽固。从艺术角度而言，北美殖民地远离了伦敦和巴黎这样的城市中心。在英国出生的画家本杰明·韦斯特（Benjamin West）于1767年哀叹道，绘画不过与其他实用的行业一样，画家也不过就像木匠、裁缝和鞋匠一样。美国早期艺术家的成功通常以是否能够描摹出其他商品的价值来衡量。出生于美国的约翰·辛格尔顿·科普利（John Singleton Copley）因极其擅长渲染衣饰的表面，能画出买家梦寐以求的光泽与纹理感，故成为了波士顿精英商人阶层的首选肖像画家。（图5-2）颜色鲜艳的丝绸锦缎、精心抛光的桃花心木以及光彩耀目的银饰，所有这些都是制作装裱买家大幅肖像画框的材料。科普利作品的买家将他的画作与金属加工、裁剪定制等手工

图5-2 《约翰·温斯洛普夫人》(*Mrs. John Winthrop*),约翰·辛格尔顿·科普利,1773年创作,布面油画,藏于纽约大都会艺术博物馆(Metropolitan Museum of Art),1931年莫里斯·K.杰瑟普基金捐赠

行业联系在一起,通过艺术家制作的奢侈品来显示自己的财富和品位。在贵族府邸的墙壁上,因为用来装裱的画框都是比肖像画贵上好几倍的奢侈器物,所以也可以说科普利的画作具有与奢侈品相似的商品地位。和韦斯特一样,科普利最终对自己在美国相对较低的执业地位感到不满。在美国独立战争期间移居伦敦后,因曾经的创作使科普利过度屈从于物质性消费,故他放弃了原来的创作模式,转向更为讽喻的绘画风格。

正是这场市场革命给波士顿精英阶层带来了桃花心木和丝绸这

样的奢侈品，也将艺术传播扩展至城市以外的农村地区，展开了美国早期的科普利风格。因为农村地区对肖像画和装饰品的渴望，也开启了所谓“民间”画家的职业生涯。作为流动的文化商品卖家，民间画家中最多产的是一位名为艾米·菲利普斯（Ammi Phillips）的艺术家。菲利普斯在整个职业生涯期间创作了800多幅肖像画，从纽约阿迪朗达克山脉到康涅狄格州，到处都是他的市场。他还为自己的肖像画打出了广告，宣传只需花上几美元就可以买到他的油画，要想买纸上的微缩画像就更便宜了。乡村中产阶级也开始越来越喜欢菲利普斯的画作，并成为了他的目标客户。乡村中产阶级对器物越来越高的品位反映出他们对成为上流阶层以及拥有奢侈品的渴望。（图5-3）科普利绘画时会花费大量的时间重现奢侈品的纹理，然而菲利普斯和其他民间流动艺术家则截然不同。他们会使用早期的照相机，也就是暗箱这样的装置，采取一些技艺手段，比如使用重复的拍摄服装来节省时间，最大限度地提高产出。在民间作画的实践中，僵硬的形象与饱和的色彩常常被认为是稚拙派的表现手法，但事实上，这往往是视觉标准化的巧妙结果，标准化也使得流动艺术家能够提供更实惠的作品来满足乡村客户的需求。无论是客厅墙壁装饰，还是商业标牌制作，都是这些艺术家增加额外收入的工作。他们也倾向去创作各种各样装饰性作品，几乎从不在意“精细”画作和“装饰性”画作的区别。

民间流动艺术家脑子里想的永远都是生意，无论是技术创新，还是装修工程，都能使他们的劳动收入最大化。追求学术的艺术家试图让自己与某些形式的手工劳动划清界限。与他们不同，民间流动艺术家则将自己视为兜售商品的企业家，并自豪地接受了这一身

图5-3 《迈耶太太和女儿》(*Mrs. Mayer and Daughter*),艾米·菲利普斯,1835—1840年创作,布面油画,藏于纽约大都会艺术博物馆,1962年埃德加·威廉(Edgar William)和伯尼斯·克莱斯勒·加比希(Bernice Chrysler Garbisch)捐赠

份。尽管许多人渴望进入精英艺术家的圈子，但艺术家切斯特·哈丁（Chester Harding）将自己的作品与费城四杰画家的作品进行比较时，表露了这样的想法："要想赶上他们，我需要付出多少劳动？"事实上，这些艺术家凭借自身的流动性，接触到了分布在乡村地区的潜在客户。在这一过程中，流动的艺术家和他们创作的艺术商品一样，跋山涉水来到相同的地域，并接触到乡村里的消费者。

彼时的美国东北部也上演着相似的艺术创业故事，那就是印第安土著纪念品贸易。土著居民使用传统材料和技艺，为移民消费者生产手工艺品。土著纪念品与流动艺术一样，也有着较广的流动性，而且价格低廉。在美国东北部，最早的本土纪念品是一种叫做莫库克（mokuk）的印第安容器。奥巴瓦和奥吉布瓦的艺术家缩小了这种桦树皮制成的圆形容器，还在树皮的穿孔表面编织了豪猪刺，以便将其出售给游客。这些纪念品与当地居民实际使用的较大容器不同，艺术家将其装饰得五颜六色，里面还装满了枫糖货样。对于这些艺术家来说，这种微型模型既满足了游客对手工装饰工艺品的需求，也塑造了与"印度安"相关的异域风情。纪念品贸易将当地印第安社区使用的日常器物变为了艺术商品，并将其提供给其他区域、全美甚至全球的消费者。印第安艺术家不仅会在乡村地区挨家挨户兜售串珠制品、竹篮以及其他手工艺品，还会前往著名的夏日度假胜地、国内外博览会，甚至远赴欧洲兜售自己的商品。

印第安土著艺术家与来到美洲大陆的欧洲后裔一样采用了复制法。他们通过将艺术品微型化并大规模生产，开发出高效的组织生产结构，节省了生产时间，在偌大的地理网络中宣传兜售着自己的作品。

19世纪早期，开始大规模生产的艺术品逐步走进了美国市场。

柯里尔与艾夫斯的平版印刷公司[1]发现，农村对图画的需求不断增长。他们抓住了这一商机，销售的印刷品内容不仅有闲情逸致的田园风光，还囊括了政治讽刺以及极具新闻价值的爆炸性事件。（图5-4）该公司总共收录了数十位艺术家约7000幅作品，其产量占全国平版印刷画购买量的95%。公司的创始人纳撒尼尔·柯里尔（Nathaniel Currier）通过简化生产，将印刷成本降到每份仅需5到10美分。该公司自称“廉价畅销印刷品的出版商”，通过商贩、推车小贩、书店和订购等多种渠道向消费者销售，这一策略也确保了他们的商品在城市和农村市场占据很大的优势。

柯里尔与艾夫斯印刷公司因机械化生产而驰名，他们的版画制作方式也与此前不同。该印刷公司采用了新的平版印刷技术，不仅生产出来的印刷品手感非常细腻，而且在生产过程中引入了流水线式的手工着色工艺。他们将艺术创作转化为工厂生产模式，将平版印刷生产的各个步骤分开，并去掉了图像制作过程中所需的技艺，匿名了图像的作者。这样一来平版图像的设计师，或者说那位创作平版画的“艺术家”也就变得无人知悉了。

19世纪的艺术界始终存在争议，他们认为大众市场生产的艺术品只是些“小玩意儿”，都是些价值不高的小摆件或小饰品，根本不能将其称为“艺术”。“小型室内装饰品”（bibelot）一词在法国出现就是用来描述这种与工商业有关的手工艺品的。根据雷米·塞瑟林（Rémy Saisselin）的说法，商品消费的普及赋予了一种新的概念，

1　这个公司是1857年成立的，但纳撒尼尔·柯里尔比这早几十年就开始做出版商了。——原书注

图5-4 《驷马》(*Four-in-Hand*)，柯里尔与艾夫斯，1861年创作，手工上色平版画，藏于纽约大都会艺术博物馆，1962年阿黛尔·S.科尔盖特（Adele S. Colgate）遗赠

认为购买艺术品是贵族和精英阶层的娱乐消遣，而非大众消费主义。毫无疑问，艺术是一种商品，它稀有的商品属性必须得到维护。后来人们用尽各种方法，试图将艺术品与毫无价值且随处可见的手工艺品相区分，这一举措直接导致了19世纪装饰艺术的普遍贬值，也逆转了曾经的收藏模式。在此之前，家具装潢这样的装饰属于最为昂贵的艺术收藏品。在此之后，因为绘画几乎不会受到大规模工业生产的影响，所以19世纪的收藏家转而青睐这种艺术形式。

19世纪，虽然人们认为小装饰品不属于艺术，但它的所属范畴却变得更为模糊。彼时精英阶层的核心关切在于将艺术与小装饰品的范畴进行区分。20世纪上半叶，随着美国资产阶级影响力的日益扩大，他们便开始打算在美国的城市中建立市政艺术博物馆，为此他们也付出了不懈的努力。尽管直到20世纪后半叶，这些博物馆才勉强站稳脚跟，但从某种程度上来说，资产阶级前期投入的工作也揭示了资产阶级可以通过购买行为与举办展览来界定艺术的范畴。

到了19世纪中期，即使是由欧洲官方艺术机构展出的高级艺术作品，也会因商品贸易的影响而处于不稳定的状态。1848年，政府资助的常设美术委员会成员、法国学院派画家让·奥古斯特·多米尼克·安格尔（Jean August Dominique Ingres）因国家资助的年度评审展览，即沙龙美展未能促进艺术的发展，故主张将其废除：“沙龙展腐蚀并扼杀了世间所有的伟大与美感。利润诱惑了艺术家们，驱使着他们展览自己的作品，艺术家们也不惜任何代价，只为获得关注与曝光……说真的，沙龙只不过是摆满画的商店，是提供大量廉价商品的商店。在沙龙中，工业在艺术中占据了主导地位。”安格尔如是说道。

大西洋彼岸的批评家也发出了同样的抱怨。他们将重心聚焦于艺术与工业之间的联系，尤其是风景画与商企之间的密切关系。1859年，举足轻重的艺术评论家詹姆斯·杰克逊·贾维斯（James Jackson Jarves）警告风景画画家不要“参与商业活动”。他写道，美国风景画学院“把自己的学生们送到巴西、亚马孙、安第斯山脉、落基山脉之外……他们不顾任何困难、跋山涉水、不惜重金、不畏艰难险阻，去寻求引人注目的新奇风景。他们将自己的钱财视为对艺术的投资，将自己的心血注入艺术……如果过犹不及，将会把艺术拉低到商品贸易的层次”。贾维斯的担忧源于一个公认的事实，即美国领土的迅速扩张促进了画家和实业家主顾之间的共生关系，因此商品化的风景画也巩固了土地开发的金融项目。例如，为了庆祝横贯北美大陆的铁路完工，中太平洋铁路公司总裁科利斯·亨廷顿（Collis Huntington）委托风景画家艾伯特·比尔施塔特（Albert Bierstadt）绘制了一幅巨型布面油画《山峰下的唐纳湖》（*Donner Lake from the Summit*），画中临摹了一辆火车头正在穿过举世闻名的危险隧道——唐纳山山顶隧道。比尔施塔特的收入，包括这幅画和其他画作的价格都被媒体大肆报道，美国土地的价值和画作的价格之间迅速建立起了一种矛盾的联系。一位评论家在1881年写道：“谁不记得《落基山脉——兰德峰》（*Rocky Mountains—Lander's Peak*）以2.5万美元的天价卖给詹姆斯·麦克亨利先生（Mr. James McHenry）？还有那幅《约塞米蒂山谷》（*Valley of the Yosemite*）在全国各地展出，成千上万的美国人居然花上25美分就能去欣赏这幅佳作？”

美国风景画家非常清楚他们的画作的商品地位，所以他们与买家协商艺术相关事宜时也经常会使用经济学术语。例如，拉斐尔前派（pre-Raphaelite）美国画家威廉·特罗斯特·理查兹（William Trost Richards）在和他的赞助人、铁路大亨乔治·惠特尼（George Whitney）往来的书信中，就会使用大量的金融术语。从19世纪60年代到1885年惠特尼去世的这段时间里，画家理查兹为他寄去了许多只有明信片大小但精致入微的微型水彩画，两人将其称为“息票”。惠特尼会在“息票”中进行挑选，找出那些他有意制成更大尺寸的“小插画”。他还会将剩余的“小插画”在亲朋好友之间传看，劝说他们也用这种办法买画。

“息票”作为当时金融界的一个专业术语，原指旧时的债券票面的一部分，债券持有人可将之剪下，在债券付息日带到债券发行人处要求兑付当期利息。理查兹和惠特尼沿用了这一金融术语的概念，将其视为艺术品生产者和艺术品消费者之间的义务契约。惠特尼也延伸了“息票”作为金融术语的隐喻，他在1868年写给理查兹的信中，打趣地提到了一幅曾委托理查兹创作的林间山水画：“昨天我突然想到，你可能快要把我的画上完颜色了，所以我就从支票簿上撕了一张息票，准备邮寄给你。不过想要兑换也是有条件的，你要是能在正确的时间，在费城正确的银行把它换了的话，就能得到500美元！”信中艺术家和买主之间使用的金融术语不仅证实了安格尔和贾维斯的哀叹，即艺术受制于“利润的诱惑”和“商企合作”，也表明了风景画中蕴藏了一种经济逻辑。画家邮寄给买家的微型“息票”在流通模式中发挥着与货币类似的作用，买家可以用息票兑换有价值的商品，即一幅完整尺寸的画作。惠特尼的文字游戏不仅展现了“美钞”（green backs）和“上色”（painted leaves）之间的语义对等，还暗示了一种可能，即艺术作品与纸币这样的货币并没有什么区别，两者既代表着商业流程中的环节，也象征着以空间为基础的流通体系。

要不是因为在这几十年间，美国人和欧洲人似乎相当乐于购买艺术品以便投机，也满足于参与这种投机带来的风险收益，那么解读一个如此糟糕的艺术笑话可能就会有点牵强。19世纪中期，艺术联盟兴起，其催生出的新型艺术交易市场也取代了传统的艺术赞助形式。艺术联盟的商业模式以抽签的方式，为其订购者提供艺术作品，这将金融界的投机行为带入了艺术界。

伦敦艺术联盟成立于1837年，宗旨是“在个人赞助的基础上给予艺术家更多的鼓励”。订购者每年只需支付一基尼（英国旧货币名称）的费用，便可获得一幅年度雕刻版画，据说其价值与会员费相当。此外会员还可以得到一张奖券，凭此就有机会抽取价值相当于会费数倍的绘画作品。艺术联盟不仅消除了艺术者获取绘画收益资金的障碍，还将艺术传播给了更多的观众。现在，你只需花上一幅版画的钱，就有机会获得高雅的艺术。

1838年，美国艺术协会正式成立，该协会借用了阿波罗美术促进协会的运营模式，取得了巨大成功。1844年，协会内的管理者、商人、艺术家和企业家经过商讨，正式将协会更名为美国艺术联盟。该联盟不仅基于欧洲的伦敦模式运营业务，还将华尔街银行业的金融词汇引入了艺术品交易。伦敦模式把雕刻版画当作货币分销给会员，而美国艺术联盟通常会购买名牌艺术家的风景画当作奖品，并将其称为“存款”或“硬币”。1850年，一份宣布年度抽奖结果的海报中如是写道：“订购者……的机遇简直无与伦比，低风险，高回报，三倍收益等你来拿。”彼时，联盟会员也不仅仅来自总部所在地纽约，联盟的流动代理人还会分散到美国乡村各地招募新会员，而新会员也渴望着能在年度抽奖晚会中，用5美元买来的会员券赢得价值不菲的画作。这一活动很快就成为消费主义的一大奇观。不久，纽约法院就认定这种运营模式属于非法活动，并竭力限制了P.J.布朗利（P. J. Brownlee）所说的“投机艺术经济”。

银行家出身的艺术家弗朗西斯·埃德蒙兹（Francis Edmonds）是该协会的创始成员之一，碰巧也负责处理上述事件的余波。埃德蒙兹的风俗画描绘了美国乡村艺术布局的矛盾形象。他1844年的作品《形象商贩》（*The Image Pedlar*）描绘了一幅这样的景象：一位流动商贩站在农民家里朴素的客厅中，对他们展示着自己的艺术商品。再看那些农民，他们都放下了自己手中的家务活，好奇地盯着小贩手里的货物。画中兜售的“雕像”实际上是小巧的桌面摆件，虽然这些精巧的雕塑牢牢地吸引了家中几代人羡慕的目光，但很明显，商贩手上摇摇欲坠的商品很难成为具有高价值的艺术品。这幅画不仅描绘了对艺术消费没有鉴别能力的群众，并将他们与乡村居民和中产阶级联系在一起，还表达了这类群众对文化商品的渴望，而这正是美国艺术联盟所推崇的内容，也是他们向大众传达的信息。毕竟，想要靠联盟的奖券来获得艺术品完全凭借运气，而非凭借对艺术的品味和判断。艺术品的购买行为本该由审美来决策，但美国艺术联盟就这样将其变为了经济决策。

到了19世纪的最后几十年，也就是美国和欧洲经济极度动荡的时期，审美的价值开始变得愈加重要，然而人们依然将其视为一种精明的购物手段，但艺术历史学家萨拉·伯恩斯（Sarah Burns）将这段时期称为“表面时代”（the age of surfaces）。在这个时代中，艺术家和商贩凭借零售策略向大众展示艺术品，而理想主义的批评家们则继续表达着这样的顾虑，担心艺术品交易会玷污艺术精神并致使其破败。批评家们很快就告诫大众，不要仅仅把艺术品视为奢侈品，却没有看到其中更深奥的意义。《生活》（*Life*）杂志则将这一问题戏剧化，在一幅漫画中讥讽了在纽约市举办的年度设计学院展。这幅漫画名为《学院回忆录，画框比画好多了》（*Reminiscences of the Academy, Where Frames Are so Much Better than the Pictures*），画中描绘了这样一幅情景：报童、洗衣女工等社会地位较低的人物肩并肩依偎着。而装裱他们的则是一幅装饰精致的画框，这形成了与主体严重不符的反差。这种对画作的展示方式充分利用了玻璃的折射、柔软的天鹅绒以及闪闪发光的金箔，用精制的画框来吸引观众对艺术的兴趣。这种做法将艺术品视为闪闪发光的珍宝，却未曾窥见其中的深层含义和普遍的象征意义。

在这一背景下，人们不再信任弥漫着重商主义气息的艺术市场。以描绘波涛汹涌的海景而闻名的艺术家温斯洛·荷马（Winslow Homer）开始远离都市生活，摒弃早期作品中吃喝玩乐的主题，进而转向田园生活和山林荒野，巧妙地塑造出禁欲主义的人物形象。他甚至远离了地理上的艺术与经济中心，选择全年住在位于缅因州普劳茨地峡处的自家大院之中。虽然荷马对自己画作的销售情况进行了密切跟踪，并陶醉于画作卖出的高价，但在与画廊老板和公众的互动中，他公然蔑视物质主义，甚至认为精心设计的画框是“强盗的百宝匣”。

另一方面，艺术家们将艺术与物质主义联系在一起。荷马在缅因州乡下经营一间简朴的工作室，而他的同辈威廉·梅里特·切斯（William Merritt Chase）则在纽约创立并经营着一家“世界上最著名的工作室”。切斯租用了第十街工作室大楼里两个相邻的房间，将其作为自己的画室，纽约城里许多著名的艺术家也都住在这座大楼里。切斯在这里创造了一个多感官空间，里面不仅有绘画和版画，还有来自世界各地的大量藏品，可供游客触摸、购买，倾听它们的故事。“画框……不过是吸引人们眼球的一小部分因素，”一位观赏者写道，“女士们花了好几个小时与画家的鸟交流，在一张装饰华丽的沙发上还懒洋洋地躺着画家的西班牙猎犬，惹来她们的疼爱。”在整个19世纪，许多国际化的艺术家已经把他们的工作室从用于艺术创作的普通房间，转变为“艺术展览的舞台”，即名副其实的社会生活画廊。这样的工作室不禁让人想起了同样诞生于19世纪的百货公司，艺术家不仅在工作室内展示了绘画和雕刻的技艺，同样也展示了自己作为消费者、收藏家以及世界藏品策展人等多重社会身份。

百货公司以巧妙的展示方式，将商品用异国情调和浪漫气息包装后叙述它们的故事，而艺术家也会通过布置作品周围环境，放置一些与之相配的道具来促成艺术品销售。例如，风景画家经常为他们的工作室配置盆栽植物和动物标本，东方主义画家则偏爱来自近东和亚洲的异国商品。[1]虽然切斯的策略与他的同行相似，但他将自

---

1 纽约两个最有名的画室所有人分别是风景画家弗雷德里克·爱德温·丘奇（Frederic Edwin Church）和艾伯特·比尔施塔特。前者的画室布满了盆栽棕榈植物来与他画作中的热带景色相配；后者以描写美国远西区著称，他的画室里挂着动物头颅和印第安人的物品，是他多次去西部旅行收集来的。——原书注

己的画室作为数幅作品主题的做法，也凸显了他有着更强的自我品牌意识。在画室内部，切斯模糊了审美观照与购物之间的界限。切斯认为需要对自己的画室进行构图，“应该将画室的墙壁视为画布”，他还坚持认为“要用实物代替颜料”。切斯在描绘工作室内部环境的画作中强调了这样一个事实，即无论是玻璃器皿、纺织衣物，还是书报画作，所有器物都是他创作的物质材料。

在切斯1882年创作的《画室内部》（*Studio Interior*）中，画室内的画作与木箱周围陈列的小摆件地位相同。此画构图的中心是一位全神贯注的女子，头戴帽饰，坐在一张长凳上，正欣赏着一本超大版画册的书刊，旁边是一块用于展览作品的金属板。在她脚边的地板上，散落着几本书页敞开的薄薄读物，就像被随意丢弃在了一边。画中切斯的布面油画也似乎并没有被特殊对待。构图中的装裱画与其他物体一样，都使用了松散的笔触渲染，因此我们几乎无法分辨出它们的细节。右下角的座椅上搭着一件衣服，衣服上还放着一些纸张，上面是一幅随意摆放靠在椅背的画作。画中并未着重描绘闪亮的镀金画框，而是突出了金属板和衣物织品的刻画，比如从天花板垂挂至地板的黄色丝绸，还有女人的绸缎连衣裙，这些都是与性别化消费主义有关的器物。切斯在其他描绘自己画室的作品中，同样也刻画了静观的女性形象。

诚然，画中随意摆放的物品以及纹理和色彩的布局，使切斯的画室看起来像是同一时期的画家在西班牙旅行时所描绘的场景。他的画室不像是画室，而更像是一个琳琅满目且不拘一格的古董店。切斯肯定从未有意将自己的画作与商贩的小摆件相提并论，然而切斯收集的陶瓷、玻璃和金属饰品，的确也可以用来解读他的画室文化。这一文化并未以男性鉴赏家为核心，而是聚焦于女性购物者。对艺术史的深刻理解和鉴赏界的评论曾是判断艺术审美价值的基础，但如今这种判断基础转向了事物的表面及其对感官的吸引。因此，切斯的像商店一样的画室也将所有惹人注目的商品统统视为艺术。

正是这种审美消费背景下产生的观念使马奈的芦笋画也找到了自己的定位。在这一观念下，静物画也开始转变为风俗画，并以艺术的商品属性作为评判标准。19世纪晚期，马奈的故事只是艺术界的趣闻，并不是我们深思熟虑后批评的对象。我们需要反复衡量并加以批评的是那些让我们陷入视觉陷阱的错视画派美国画家，因为他们采用超现实主义的风格欺骗观众，让人们认为画中的物体即是真实的事物。

正如大卫·卢宾（David Lubin）和其他人的观点，错视画通过欺骗性手法绘画物体，使二维的画作给人三维空间的真实感觉。这种画派似乎既颂扬了商品文化中的欺骗行为，又通过展现这种欺骗手段来诋毁商品文化。错视画艺术家通常青睐的器物并不是闪亮的新颖物品，而是具有情感价值、古色古香的个人工艺品，类似于切斯画室中的古董和收藏品。例如，在威廉·哈内特（William Harnett）创作的《忠诚的手枪》（*The Faithful Colt*）中，就描绘了一把型号特殊的柯尔特牌左轮手枪，这种手枪曾在美国南北战争以及西进运动期间使用。哈内特描绘这把挂于褪色木板上的左轮手枪时，这把枪已经不再作为武器使用，而变成了一种怀旧的纪念品。实际上，画中的枪也属于哈内特的私人财产，在他后来的遗产清单中，这把枪也被称为“真正的老葛底斯堡遗物”。开裂的枪柄、生锈变色的枪管都表明了这件私人藏品独一无二的价值。如此注重描绘枪支和其他藏品的材质特征，并不是在强调器物的美感，即切斯以被动静观描绘主体的方式，而是聚焦于藏品以及对物体的拿捏。错视画本想营造一种触手可及的感觉，但最终却未能如愿。

一边是设想中的器物历史与传统，一边是现代新颖的商品，若强调前者，似乎就是在与琳琅满目的商品世界背道而驰。然而，布匹商人却尤为喜爱此类艺术品，挂在商店橱窗中。橱窗作为一种刚刚形成的概念，并非是直接展示待售商品的空间，而是一种资本主义欺骗消费者的手段。因此，错视画中去商品化的主题，也正是使其成为商品化艺术形式的原因。

此外，错视画还描绘出了一个悠闲的世界，在这里男人们远离了购物与消费，而冲动消费的女性则成为了主体。伊戈尔·科普托夫（Igor Kopytoff）认为，器物的概念可以在单一物品和商品化物品之间相互转化。借此概念而言，错视画对社会生活中左轮手枪等器物的关注，简直可以与全新的营销模式相媲美，即利用人与物之间的关系来强化男性对器物的认知。

错视画派一直以来都有着自知之明。错视画派艺术家们不仅承认自己的画作是一种便于携带的可售商品，还会对此概念进行强调。正如约翰娜·德鲁克（Johanna Drucker）所说，错位静物画中对浅层空间的描绘以及抹去艺术性创作的做法，都让人们注意到图像只是一种符号系统，而不是表现深层内在含义的手段。

例如，错视画派画家约翰·哈伯勒（John Haberle）绘制了一系列布面油彩风景画，但在从画家交付至消费者的途中，画作的牛皮纸和捆绳却都受到了破坏，每一幅油画上不仅都可以隐约看到“货到付款”（C.O.D）的字样，还贴满了画家居住地康涅狄格州纽黑文市的运输邮寄标签。因为包装纸已经破损，可以从外面看到画作的大致内容，所以在观赏者眼中，与其说这是一幅风景山水画，不如说它和其他受损的包裹没什么不同，都是价值固定的货物。

此外，哈伯勒也以创作其他种类流通商品的错视画而闻名。如1887年的《仿制》(*Imitation*)，画的是一堆乱七八糟的钱、旧邮票以及一些老相片，经由人们手中流通后这些脏兮兮的纸质器物变得满是褶皱，破旧不堪。哈伯勒创作的流通商品画作使货币和艺术的发展路径保持一致，也让人不禁想起几十年前威廉·特罗斯特·理查兹(William Trost Richards)和乔治·惠特尼(George Whitney)在往来书信中大量使用金融术语的修辞游戏。似乎在哈伯勒看来，艺术品与货币都是市场上的流通商品，从一个地方流通到另一个地方，并在这个过程中慢慢支离破碎。

那些将货币画入作品的错视画派画家不仅对艺术市场倍感担忧，还参与了严肃的经济对话。19世纪80年代至90年代，哈伯勒创作的《仿制》以及其他的美元错视画，也赶上了有关正确使用美元纸币的政治辩论。美国南北战争期间，美国发行了一种没有实物背书的法定货币，也就是美元，这一举措也引发了美国历史上持续时间最久的经济辩论。保守的重金主义者主张重新以金本位制发行流通货币，认为这是确保经济稳定的“自然”标准。与此同时，与重金主义相对的自由派，即“绿币党”开始在接下来的几十年里联合自由铸币支持者，坚持认为在短时期内资金紧缺的情况下，法定货币的发行与流通将会刺激经济。尽管1879年正式恢复了金本位制，但关于软硬货币的争论依旧持续了数年，并在1893年的经济“大恐慌”时期达到了顶峰。[1]

正如马克·谢尔（Marc Shell）所言，这些辩论都与艺术实践产生了共鸣，因为每个政治派别都试图通过借鉴具有有代表性的理论来自证观点，而辩论双方都将纸币视为价值体系中的一种符号。对重金主义者来说，纸钞不过是徒有虚名的符号，而对绿币党而言，纸币则是货真价实的替代品。在大众文化中，人们经常将纸钞与政治讽刺文学和讥讽漫画相提并论。在1876年的《鲁滨孙漂流记——货币的故事》（*Robinson Crusoe's Money*）中，作家大卫·威尔斯（David Wells）不仅叙述了丹尼尔·笛福（Daniel Defoe）所著故事中岛屿的虚构经济史，还记录了岛上从简单的以物易物到以纸币或称“蓝背币”（bluebacks）为基础的经济体系，这种经济体系的演变其实就是讥讽了美国的经济体系的变化。在关键时刻，岛上的政府按照货币流通的经济逻辑，开始雇用艺术家制作图片来代替实物。画着奶牛的票券送给了偷牲畜的异教徒，画着牛奶的票券分发给了饥饿的婴儿，画着大衣的票券则好心地在冬天分发给了穷人。在这一荒谬的故事中，政府没有基于金本位制，而只是用象征性意义的纸张建立了货币体系，并将其与艺术家制作赝品的工作联系在了一起。威尔斯为了批判纸钞在表现形式上的矛盾，不仅将金融交易描述为纯粹的非法图片交易，还称其是不够格的替代品。作为货币辩论的参与者，错视画派画家凭借他们的描摹技艺，创作了和货币表现形式相关的艺术作品。错视画派画家欺骗了观众，让他们将画中

1 关于19世纪美国货币之争的文献有柴可勤（Tschachler）、里特（Ritter）、利文斯通（Livingston）、纽金特（Nugent）、努斯鲍姆（Nussbaum）和卡拉瑟斯与巴布（Carruthers and Babb）等人的著作。——原书注

的钞票误认为是真钞，这一做法似乎证实了重金主义者的担忧，即纸钞真的是一种艺术赝品。

处在艺术与经济的交叉点，哈伯勒的《仿制》对纸币的符号系统和绘画的货币地位进行了双重评论。值得注意的是，哈伯勒和其他19世纪晚期画货币的艺术家都偏爱小面额钞票，甚至是在货币短缺时期流通的最小面额的钞票，俗称辅币（shinplasters）。在画货币的过程中，他们可能认识到了错视画可以在特殊的市场上流通。错视画一般出现在与中产阶级休闲娱乐相关的空间，如商店和酒吧，但那些注重区分高雅艺术和大众文化的著名收藏家和专业机构则对之不屑一顾。

引领艺术风尚的人很快认为，错视画其实是呆板的、肤浅的。他们认为，模仿其他器物的外观和质感，只不过需要不假思索地临摹和照猫画虎的画技，与工业生产过程中的机械劳动没有区别。然而事实却并非如此，这种超现实主义绘画实际上是一项尤为耗时的手工活。他们的言论也展现着这个时代的特质，即艺术生产和艺术消费的过程都极具争议。若想将手工艺品与大规模生产的艺术商品、小摆件等加以区分，其实不仅需要对艺术展览和艺术品市场营销进行管制，也依赖于人们对于艺术劳动的重新定义。

1878年，夜景画家詹姆斯·阿伯特·麦克尼尔·惠斯勒（James Abbott McNeill Whistler）和评论家约翰·拉斯金（John Ruskin）之间的一场官司将艺术劳动推上了舞台中心。拉斯金对惠斯勒所作的《黑色和金色的夜曲：降落的焰火》（*Nocturne in Black and Gold, The Falling Rocket*）一画颇为不满，一年前他在伦敦新格罗夫纳画廊看到这幅作品时，曾谴责这件作品都值不上200基尼[1]，其画家一看就是个“花花公子……这幅画就好似把颜料罐扔到公众脸上”。

迄今为止，拉斯金并不是唯一一个对惠斯勒最为抽象的画作感到茫然的观众。尽管艺术家将这幅画描述为克雷蒙花园夜间烟火盛放的再现，但漫画杂志《笨拙》（*Punch*）对这幅画的评论则是“看起来全都像雾霾一样……这就是一滩墨水洒纸上了”；漫画作者最后得出了这样一个结论：“这幅画的主题就是没有任何主题。”

虽然从技术层面上来说这是一起诽谤诉讼，但审判的焦点却在于审美劳动和货币价值之间的关系。虽然惠斯勒在证词中承认画完这幅夜景没花多少时间（原话为“他可以在几天内……就完成一幅”），但他指出，“正确展现我脑海中的构思，在很大程度上取决于我手上的即时创作”，所以这幅画作高昂的价格并不依赖于我的体力劳动，而是取决于“我一生的修养”。作品的价值在于画家的智慧，而非劳动的时长。这一观点完全颠覆了手工劳动和手工技艺的传统价值标准。

而英国拉斐尔前派画家们巧夺天工的叙事油画则让作为评论家的拉斯金大加赞赏，在同一次展评中，他称赞这些油画“精雕细琢”。庭审中，拉斯金的律师将拉斯金的不满简化为经济问题，声称“艺术家的作品应该‘物有所值’”。然而，拉斯金的担忧不仅仅在于金融领域中艺术作品产生的超额支付。他因对惠斯勒的评论而为自己做书面辩护时认为，《泰晤士河上散落的烟火：黑和金的小夜曲》这幅画预示着艺术与商业关系之中令人不安的演变。拉斯金写道：

1 英国旧货币名，1816年退出流通货币行列。——编者注

“即便是消极怠工的态度，华而不实的作品，但依然能够换来经济上的回报，或许19世纪的艺术家会因此沾沾自喜”，“但我们至少应该用老艺术家奉为圭臬的荣誉准则来指导艺术流派的学生”。换句话说，艺术应该把自己神圣化，不受草率的工业化模式所影响。虽然艺术不可否认也是一种商品，但它必须争取脱离哲学与实践的定义。

讽刺的是，拉斯金还试图美化艺术品的商品地位，并将艺术品从宏观的商品市场中剥离。与作为“为艺术而艺术”的伟大捍卫者惠斯勒相比，他们两者的审美意识形态其实并没有太大的区别。艺术家与评论家的最终目的，都是致力于让艺术品远离商品领域的“工业污染”。此外，他们都想通过重塑审美劳动来实现这一目标。对拉斯金而言，美学劳动是一种手工劳动，而对惠斯勒来说则是一种概念意义上的劳动。

最后，法官虽然做出了惠斯勒胜诉的判决，但只让拉斯金支付了10便士的赔偿金。尽管惠斯勒的经济收益微乎其微，但他的胜诉也悄然预示着一个新时代的到来。在这个时代中，对艺术的定义在不知不觉中从熟练的手工技艺转变为了概念上的劳动实践。然而20世纪艺术的商品地位以及其中所蕴含的劳动问题将持续成为人们争议的焦点。马塞尔·杜尚（Marcel Duchamp）和其他达达主义艺术家（Dada artists）则开创了现成品艺术流派，比如杜尚曾把一个男用小便池命名为“喷泉”（R. Mutt），并将其当作顶级的精致艺术品送到美国独立艺术家展览会上，此事也让他声名狼藉。其实他们的做法基于现代主义的抽象背景，这种风格在理论上认为艺术家的思维和创作有着密切的联系。继抽象表现主义（Abstract Expressionism）之后还有一种艺术形式也是如此，这种艺术形式受流水线装配和大众文化的启发，后来则成为了安迪·沃霍尔（Andy Warhol）在美国倡导的流行艺术。

可以说工业时代的到来造成了我们的不适，让我们混淆了艺术与商品之间的分别。当艺术品的制作、展示以及销售模式与商品过于相似时，我们当然就会认为这样的器物不可能完全属于艺术。在这样的器物被高雅的文化机构认可前，我们此时此刻更愿意称其为新奇的小玩意儿或纪念品。只有得到专业机构的认可后，商品空间下的大规模生产、交换和投机行为才会被视为艺术品的组成部分。

第六章

建筑物

威廉・怀特

1836年，大致恰好在工业时代的中期，英法建筑师奥古斯塔斯·普金（Augustus Pugin）出版了一本极具争议性的作品《对比》（*Contrasts*），该书的初衷是将中世纪的高贵建筑与如今类似的建筑进行比较，论述现在一塌糊涂的建筑风格。初版书中的措辞咄咄逼人，且带有尖锐的讽刺性。书中还附上一系列双联画，画中将现代和中世纪建筑风格并置对比，如市政厅、教区教堂、大学，甚至还有“公共下水管道”。全书最后以一幅精心制作的插画结尾，画中描绘了“真理之眼”维丽塔丝（Veritas）对19世纪和14世纪建筑的评估。若将二者放置于衡量卓越的天平（Libra Excellentiae）之上，那么当时建筑师的建筑简直轻如鸿毛，根本无法与哥特式建筑师极具价值的作品相提并论。普金引用《但以理书》（*the Book of Daniel*）的内容写道，“于天平中权衡，于权衡中发现不足”。

此书1841年再版，新增了两处插画及几个段落，其中一处插画将“1440年繁华的天主教城镇”和“1840年破败的天主教城镇”进行了对比。同时，另一处插画是两处“济贫院”的对比图，位于本章的开头。最上面的图片展示了一座“现代济贫院”，即以实用为主的无柱式新古典主义建筑（astylar neoclassical building）（图6-1）。这座令人生畏的建筑坐落在一片不毛之地，背后绿草茵茵的田园风景与其形成了鲜明对比。在图片的边缘处分别画有下列情景：小房里一个可怜的人，一旁的主人手持鞭子、锁链；每日饭食除了稀粥，还是稀粥，也只有稀粥；里面一具尸体正在被运走去解剖；夫妻被严格禁止同居。与之形成鲜明对比的则是一幅“古代济贫院”图，图中描绘了一座大而精致的哥特式建筑，周围环绕着花果园林。硕果累累的果树也是建筑环境的部分写实，这里的居民身着长袍，心感荣耀；主人乐善好施，全无棍棒相加；牛肉、羊肉、培根、麦芽酒和苹果酒是日常的餐食；人们唱着安魂曲抚慰亡灵；教堂中的忏悔和解罪不过是惩罚的方式。

普金的愿景包罗万象且独具特色，他梦想着重建哥特式教堂、学院和房屋；他甚至娶了“极具哥特风的女人”并因此而感到高兴。即便如此，普金依然有着举足轻重的地位。19世纪中叶，一位在英国建筑界极具影响力的著名维多利亚时代设计师乔治·吉尔伯特·斯科特（George Gilbert Scott）回忆道，普金的作品“让我激动到几近癫狂，感觉就好像刚从一个漫长而令人兴奋的梦中醒来，却意识不到刚刚梦中发生了什么”。因此，《对比》也被誉为少有的一本“由建筑师所写的完全改变了整个建筑界的书”。

此外，除去《对比》获得的成就，书中所表现的内容也同样重要。事实上，单论书中的《济贫院对比图》，普金就提炼了许多当代

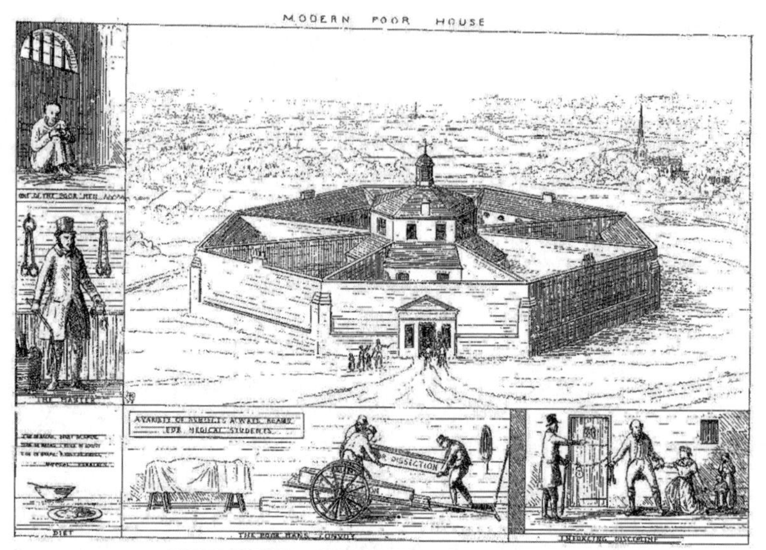

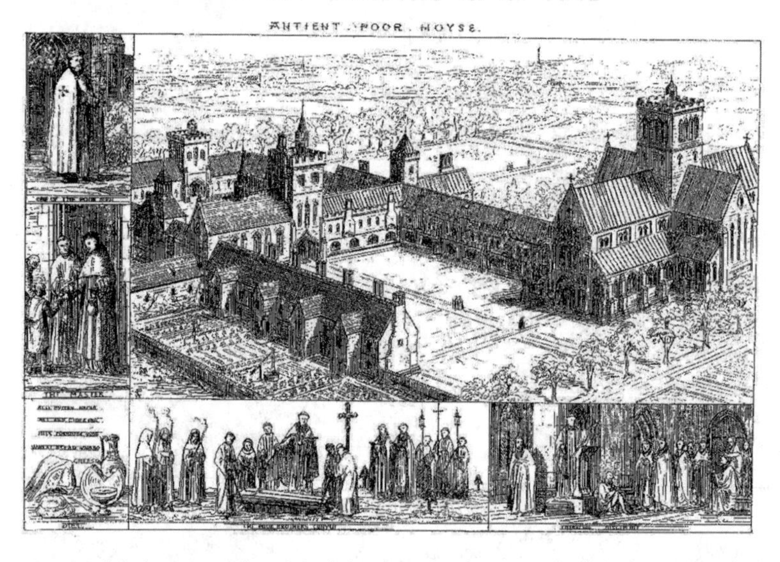

图6-1 《济贫院对比图》，引自《对比》，1841年A. N .W.普金作。源自作者作品集

建筑的风格主题，有助于我们全面了解这一时期建筑风格的发展。其中，有几个显而易见的悖论不仅困扰了当时的人们，还从那时起就一直困扰着历史学家。

在这个工业技术进步、材料现代化以及资本主义全球化的工业时代，我们好奇的是建筑师及其客户为何如此热衷于重现过去的建筑风格？其实，一场有关建筑风格的辩论与这种敏感的历史主义有着密切的关联。对普金来说，正如《对比》中表明的观点，风格选择不单单由审美决定。风格传达也有着重要的意义。1828年，德国建筑师海因里奇·赫布森（Heinrich Hübsch）提出了一个问题，即“我们应该建造何种风格的建筑”。这一问题也引发了彼时整个时代的共鸣。

普金的插画唤起了一种信念，认为伦理学与美学、道德观念与建筑风格应相辅相成。这种信念又将建筑风格辩论与复兴主义方法联系在了一起。在《对比》中，现代的济贫院属于新古典主义，不仅丑陋不堪，还糟糕透顶。相比之下，哥特式济贫院则赏心悦目且完美无缺；事实上，结合古典浪漫主义而言，两者之间并无实质区别。英国诗人济慈（Keats）在1820年写道：“美即是真，真即是美，这就包括你们所知道和该知道的一切。”普金在他的插画中也采用了这一原则，他不仅举例说明了浪漫主义对建筑思维的影响，还揭示了建筑风格在社会和政治方面的重要意义，呼吁用高标准来要求这个时代的建筑风格。事实上，在1834年《新济贫法》（New Poor Law）颁布后，普金所描绘的八角形、放射状的现代济贫院与英格兰各地兴起的济贫院并不相符。相反，普金图中衰败的现代城镇所采用的八角形放射状结构，实际上是模仿了监狱建筑的模样。普金的插画也引发了功利主义哲学家杰里米·边沁（Jeremy Bentham）对理想监狱的想象，并使他于1791年提出了“圆形监狱”的设想。一位历史学家将其形容为“圆形监狱就是一个用于改造居住者的乌托邦式结构，与其说是一栋建筑，不如称其为一件装置”。普金虽然作为罗马天主教的坚定皈依者，无法接受边沁的唯物主义哲学，但是他对建筑风格做出的一系列类似设想也同样显而易见。经证实，他的“古代哥特济贫院”对其中的居民产生了同样强大但更为积极的影响。对普金和那个时代的多数其他人而言，建筑作为一种改革工具也体现了自身的重要性。

虽然可以说边沁和普金就建筑风格的重要性达成了一致，但他们对建筑风格的原理仍然存在分歧。“圆形监狱”一词来源于希腊语，意为“无所不见”，而这正是边沁设计建筑的意图。我们来对监狱中的囚犯做一个假设，与其说他们道德极其败坏，不如说他们受到了错误的教育，而设计这座建筑则是为了让犯人接受教育，我们也可以将其称为对犯人的“重新编程”。因此，囚犯会一直被隔离，遭到监视。他们若表现良好则会得到奖励，也会因违规而遭受惩罚。圆形监狱的目的就是将狱中的规则刻在囚犯的思想之中。理想的状态下，狱中的每个囚犯会从内心深处认为自己始终处在被监视的状态，时时刻刻迫使自己循规蹈距。普金的愿景甚至比这更非凡惊奇，更雄心勃勃。正如其插画所示，他认为建筑物本身不仅是一处专门机构，还可以按照自己的权利行事。边沁的“圆形监狱”通过管理者的运营达到一定的目的，而普金的建筑则依靠建筑的自我运营。现代济贫院周围破败的环境以及居民在其中受到的迫害都让我们看到了这所建筑产生的影响。而“古代济贫院”周围富饶的田园风光以及建筑主人和穷人身上散发的崇高理想，都能让我们感受到其中的积极作用。

强调历史建筑风格、重视多样化建筑风格、聚焦建筑风格背后的道德观念和意识形态以及关注建筑风格形式，这些主题不仅能帮助我们给这一时期定义，也能帮助我们定义建筑风格。当然，建筑风格这一概念也是一个极具争议的话题，在工业时代更是如此。这一时期见证了历史上职业建筑师的出现。然而，大多数建筑物都不是由建筑师设计的，而且从社会角度和职业角度而言，建筑师也是一份没有保障的工作。不仅如此，作为城市改造者的工程师、规划师等职业同样也是建筑师的潜在竞争职业。随着此类职业的兴起，建筑师们似乎也面临着一场生存危机。和普金一样的建筑师吸取了过去建筑风格的经验，划定了当代建筑风格的界限，采用了据说是恰当的建筑风格，执行了核准的职能，他们不仅阐明了自身职业的重要性，也解释了建筑风格的本质。

现代化

历史学家G. A.布雷姆纳（G. A. Bremner）在近期出版的书籍中提到了19世纪建筑风格作为器物的本质，即建筑风格的“本体论”，并认为这不仅是一种独特的理论，还与变化的物质生产方式有着独特的关联。对布雷姆纳而言，从“有机的可替代能源，到燃煤业消耗的矿类能源”所形成的长久经济转型才是关键所在。实际上，布雷姆纳主张的观点只针对英国，且只针对大约1830年之后的英国。但因为其他国家很快就吸取了英国工业化的经验，所以这也只成了一种更宏观的假设。诚然，正如于尔根·奥斯特哈默（Jürgen

Osterhammel）观察到的那样，早在1851年，“美国的机器制造技术已经明显超越英国了”。此外，这个时代的建筑风格某种程度上与之前的建筑风格有着本质上的区别，这种风格上的变化与现代工业的兴起有着某种联系。上述观点在建筑学科教材中已司空见惯。对于建筑史上的伟大先驱尼古拉斯·佩夫斯纳（Nikolaus Pevsner）而言，其著作《现代建筑与设计之起源》（*the Sources of Modern Architecture and Design*）的灵感可以追溯到18世纪80年代法国设计师首次将钢铁作为建筑材料。如果我们认真对待一些历史学家的建议，将1760年左右视为工业化过程的开端，那么我们可能会得出这样的结论，即布雷姆纳主张的观点同样可以追溯到这个时期。

工业化对建筑的影响无可否认。工业社会就是城市社会，而城市化的规模是惊人的。例如，柏林的人口从1800年的约17.2万人增加到了20世纪初200万人以上。工业社会是不断扩张的社会，向全球各地输出殖民。全球讲英语的人口，即“盎格鲁圈”的人口已经从18世纪末的1200万人左右增长到20世纪初的6亿人左右。正如詹姆斯·贝里奇（James Belich）所言，这一情况的出现不仅仅是因为帝国的征服与扩张，也是因为在漫长的19世纪中，“以英语为母语的人……在像兔子一样繁殖”。他们之所以这样，一方面是为了享有新形式的能源，另一方面则是了达到能够摆脱马尔萨斯陷阱的经济水平。这些新生人口需要住房、教育和工作。1837年时，澳大利亚墨尔本经初次民调后，成了维多利亚州的备选首府。到了1890年，墨尔本地区已发展成为世界第22大城市群。

工业化也为人们带来了新材料。要是以前就能炼钢，那么钢铁在建筑过程中的应用也应该有一段悠久的历史了。但煤炭和焦炭的应用改变了生产方式。克里斯·埃文斯（Chris Evans）和戈兰·里登（Göran Rydén）认为，“焦炭炼钢的技术使钢铁资源变得丰富”。1785年，英国只生产了6.1万吨生铁；到1850年，这个数字已经上升到225万吨。1788年，英国的钢筋产量仅为3.2万吨；60年后，这个数字则上升到了200万吨。历史上第一座铁桥也建于18世纪70年代，位于英格兰的科尔布鲁克代尔。18世纪90年代，第一座铁框架建筑建成。1851年，水晶宫在伦敦问世。这一建筑的问世是建筑界中一项划时代事件。水晶宫是一座完全由铁和平板玻璃建造而成的建筑，更是整个国际工业博览会的核心建筑。40年后，为了举办另一场宏大的展会——1889年的世界博览会，埃菲尔铁塔在巴黎落成（图6-2）。埃菲尔铁塔同水晶宫一样，被人们视为现代乃至未来主义设计的标志。正如1902年一位德国建筑师所述，“埃菲尔铁塔才是20世纪应有的建筑风格”。

赫尔曼·穆特修斯（Hermann Muthesius）曾在书中表达了对铁制建筑的拥护，并例举了一系列他认可的建筑，巴黎圣日内瓦图书馆就是其中之一。该图书馆始建于1838年，于1850年完工，由无遮蔽的铁柱作为主梁支撑。在1889年的巴黎展览上，穆特修斯还称赞了埃菲尔铁塔旁的机械馆，该建筑距离铁塔仅有110米，同样为铁质建筑。然而，1913年，穆特修斯对其书中的内容作出了修改，增加了更多描述实用建筑的内容，如火车站顶棚和谷物升降机。他之所以这样做，可能是因为这一时期开始出现了新型的建筑和建材。1830年，第一座火车站建成后投入使用，1852年第一家百货公司正式开业。现代城市生活需要广为分布的新型建筑结构，尤其是能够清除废物的下水道以及提供清洁水源的泵站。供暖、照明这类新型

图6-2　埃菲尔铁塔

技术的应用，也让建筑物内的控温变得愈加复杂。历史学家雷纳·班汉姆（Reyner Banham）将配有此类技术的建筑称为“内部环境调节得当的建筑”。例如在19世纪中叶建造新英国议会大厦时，设计师们争相使用最新的技术设备来提供清新的空气和完美的采光。他们还试图为威斯敏斯特宫的每一个房间都配备时间继电器，使其成为史上第一个应用此技术的公共空间。

实际上，所有这些新式应用也构成了一种新的建筑世界，最近人们也将其称为“技术圈”（technosphere）（一种与生物圈相对的概念）。历史学家克里斯·奥特（Chris Otter）对此进行了详细阐述，认为对“地下森林”，即煤炭资源的开采是城市空间物理历史上的重大错误。

通过从多个不相邻的地区进口原材料、水和食物，技术圈使紧凑的城市能够将自己汲取养分和新陈代谢的脉络延伸到更远的地方。城市中因碳循环导致的煤烟、雾霾、酸雨等各种环境问题，也会通过技术圈抛掷到城市之外的新地区——郊区。而郊区又与乡村紧紧相邻，这些环境问题又会随之而生。

技术圈的出现已是一种全球现象。供需模式已将遥远的地区联系在一起。到1900年，“伦敦的屠宰场实际上已经转移到布宜诺斯艾利斯、蒙得维的亚和惠灵顿”。建筑材料同样也需要漂洋过海。曼彻斯特市政厅中三个主楼梯所用的石材分别来自英格兰、苏格兰和爱尔兰。在纽芬兰建造圣救世主教堂时，“每一块砖、每一块石板和每一块木材”都是从英国进口的。建筑师们也一样在游历四方。19世纪中叶，伊万·克里斯蒂安（Ewan Christian）声称，他每年出行的距离达2.7万多英里。设计方案和建筑类书籍也会航行千里。巴伐利亚国王出资在加利福尼亚州建造教堂，而美国、罗马以及耶路撒冷也有一些教堂由普鲁士国王委托修建。

有些人则认为不去夸大这些问题才更为重要。一些经济史学家反对过分强调煤炭的重要性。事实证明，从某种程度上而言，我们应该承认这些技术的应用及其相关架构并不充分，甚至可以说是失败的。汉堡的新污水处理系统不仅数量不足，存在故障，而且还有致命缺陷。汉堡的污水处理系统未能起到预防疾病的传播的作用。19世纪末，伦敦市民的日用水量只占伦敦每日总耗水量的十分之一，且没有可用于处理的污水。19世纪的伦敦因恶劣的生活条件而臭名昭著，也就不足为奇。1863年，圣彼得堡的一项调查发现，城市90%的人口居住在8242栋建筑中，而其中只有1795栋拥有自来水资源。

即使在1900年，变革的过程往往也缓慢、杂乱且不完善。而且世界上某些地区与技术圈的融合程度远不如其他地区。即便在英国，一些地区与崭新的网络化现代世界的关系也模棱两可且极具争议。在刘易斯岛，佃户农场主们反对“住房改革”，坚持要留在他们从古挪威先辈手中继承下来的“黑房子”里。这种黑房子又长又矮，屋内的人和他们的牛共处一室。在伦敦，变化造成的影响也常常使人瞠目结舌。诺丁谷的新庄园建于19世纪60年代和19世纪70年代之间，尽管建造者们尽了最大努力，希望打造一个智能、现代的中产阶级飞地，但这座庄园随后马上成为了小农户的新家，随之而来的还有养猪业的盛行。诺丁谷不仅被冠以“养猪场”的外号，还变成了一个极度贫困的地区，人口密度和婴儿死亡率都高得惊人，这也体现出了变革发展所带来的意外后果。

尽管如此，无论是新技术、新的城市生活、新的通信网络，还是最显而易见的新物料和新式建筑风格，这些新产物带来的影响依然巨大。即使有些建筑师像普金一样强烈反对技术圈代表的一切，但他们也依然享受着技术圈所带来的先进印刷工艺和更快速便捷的交通方式。还有一些建筑师也对所谓的“钢铁的问题”进行了激烈的讨论，提出如何使这种现代材料能符合古代理想主义的建筑构思。让–巴蒂斯特·宏莱德（Jean-Baptiste Rondelet）创作的《建筑艺术理论与实践论述》（*Theoretic and Practical Treatise on the Art of Building*）于1805年首次出版，1847年作者又在其中增加了关于铁制建筑的章节，以确保建筑专业的学生能够更好地面对全新的时代。

形态

这一时期设计建造的大多数建筑都从过去寻求灵感，这也使得它们更为引人注目。或许赫尔曼·穆特修斯已经在伟大的钢铁建筑中看到了未来，但这一时期最有影响力的理论家们并没有看到现代材料的真正价值。英国评论家约翰·拉斯金渐渐相信，钢铁带给人们的是陷阱和错觉，它“把我们原本充满趣味的英格兰变成了一个戴着铁面具的无情之人”。19世纪末，德国建筑师戈特弗里德·森佩尔（Gottfried Semper）认为应该禁止使用钢铁制造纪念碑式建筑，这项禁令也一直沿用至今。事实上，尽管如今钢铁、玻璃幕墙以及各种现代技术无处不在，但在工业时代，大多数最为昂贵且赫赫有名的项目采用的都是很久以前的建筑风格。乔治·吉尔伯特·斯科特（George Gilbert Scott）为格拉斯哥大学设计的哥特式纪念性建筑是19世纪英国最大的建筑项目（图6–3）。同样，“环城大道”的重建汇集了巴洛克式、

图6-3 格拉斯哥大学

拜占庭式和希腊复兴式建筑风格，这也使维也纳政府和哈布斯堡王朝的能力都得到了认可。值得回顾的不仅仅是这些“大型建筑项目”。英国国内的建筑风格和室内设计唤起了古英语、古德语、古荷兰语、旧殖民主义以及其他复兴主义的趋势。这实际上就是历史主义的吸引力，毋庸置疑，现代建筑经常以古代的建筑风格来伪装自己。因此，牛津的第一个新科学实验室就仿照了14世纪格拉斯顿伯里修道院的厨房而建。

过去建筑带来的魅力不仅是多面的，有时甚至还会互相矛盾。一些像普金一样的建筑师只顾着从现实中退缩，认为现代世界是不道德、不虔诚、不人道的。这一观点不是纯粹的反动之举，也并非局限于这一时期早期。19世纪下半叶的手工艺运动是一种全球现象，用罗莎琳德·布莱克斯利（Rosalind Blakesley）的话说，“这场运动与社会主义的兴起‘联系在一起’，其目的是将权力体系和生产资料从私有转化为公有”。当然，菲利普·韦伯（Philip Webb）这样的先驱者也是如此。韦伯不仅对平等主义和“革命性”的规划方法有着狂热且固执的坚持，对传统工艺、地方材料以及复兴哥特式建筑也怀有一意孤行的态度。不仅如此，他最终还将这两方面结合在了一起。

另一方面，也有人认为现代生活，甚至是最前沿的现代材料，都能够与古建筑的复兴完全相容。法国极具影响力的建筑师维欧勒－勒－杜克（Viollet-le-Duc）不仅对玻璃幕墙和钢铁进行了实验，还设想了一种采用当代金属杆的新哥特式建筑风格。特别是那些以英语为母语的建筑师，他们认为使用现代材料的现代建筑终有一天会有所发展，但也只是基于现有的建筑风格。正如1873年英国建筑师兼作家托马斯·格雷厄姆·杰克逊（Thomas Graham Jackson）所述，我们的目标就是不断把新的元素加入到建筑之中，直至建造出适合“现代多变生活环境”的哥特式建筑，即便这样做“可能会使建筑失去所有已知的哥特式特征”。

类似的观点也可以在更为名声显赫的理论家所著的书籍中找到。事实上，在这些理论家的著作中，戈特弗里德·森佩尔的作品或许能完美地阐明历史主义的困境，并且他的著作和建筑同样都具有重要的影响。森佩尔认为，可以将“对当代艺术生产造成影响的危机”称为“由糟糕的艺术教育和丰富的技术工业生产资料所造成的双重危机”。森佩尔在对《技术与建筑的艺术风格》（*Style in the Technical and Tectonic Arts*）展开基础研究时，还分析了现代工业资本主义的生产条件，并提出了其中的根本问题：

科学发现与发明丰富了人们的日常生活，也使得追求利润的商业世界扩大了自己的影响范围。这些科学发明曾是必然的产物，如今它们却在销售产品并为人们所接受，在帮助资本创造人为的需求。未经宣传的产品在技术成熟前就会被视为过时的产物，还会被未必更好的新产品取代，最终在市场中淘汰。

森佩尔不仅坚称这样的世界只会产生混乱，而且认为“消费和发明如今都由专业人才和产业资本家掌管，他们可以随心所欲地对其进行干预。但是少了千年以来的流行风俗，他们就无法培养出一种合适的消费方式以及发明样式”。森佩尔还主张，过剩的产量、不良的教育、时间的匮乏和过度的创新都破坏了一般而言的艺术，尤其是建筑风格。

在森佩尔看来，正如马瑞·赫瓦图姆（Mari Hvattum）所言，“当代危机的解决方案既不在于发明一种新的风格，也不在于对过去风格不加批判的改造，而是在于使用当前活跃的力量，改进传统主题”。但我们依然很难说明这一概念在实践中意味着什么，正如哈里·马尔格雷夫（Harry Mallgrave）所指出的，“过去与现在的建筑风格之间存在着微妙的问题，森佩尔对此无法给出解决方案”。马尔格雷夫还声称，他已在一份手稿中阐明了这一问题，只不过他将其丢掉了。尽管如此，森佩尔的建筑依旧让人感觉到他是多么希望能够解决“艺术教育水平低下、技术工业生产资料丰富”所带来的问题。他以文艺复兴时期的建筑为基础，利用熟悉的风格，以服务于现代为目的，充分使用了现代技术，建造了一栋完全现代化的建筑。1861年，他提议在苏黎世修建一座火车站，不仅要使用铁架作火车站支撑主体，还要将铁架完全隐藏。车站就像一座拔地而起的巨大雕像，仿佛是希腊众神在支撑着屋顶一样。德累斯顿歌剧院是他设计的另一座19世纪的典型建筑（1870—1878）。该剧院采用了文艺复兴盛期的建筑风格，营造了一种气势宏伟的剧院风格。剧院还以雕像作为点缀，旨在传达该建筑的作用。

事实上，在森佩尔倡导的历史主义中交流才是关键。建筑作为一种交流方式，是森佩尔解决工业时代危机的答案。在一个创新不断但社会依旧混乱的世界里，森佩尔向过去寻求一种易懂的建筑语言，他并不孤单。正如尼尔·莱文（Neil Levine）所说，在这一时期，建筑师和各类作家开始将建筑理解为一种文本或语言。对约翰·拉斯金来说，他最高的理想是让观众“像阅读弥尔顿（Milton）或但丁（Dante）一样阅读建筑”。对于德国建筑师卡尔·弗里德里希·辛克尔（Karl Friedrich Schinkel）而言，建筑无非是“经过净化的象征性语言……是石头里蕴藏的诗”。因此，在选择建筑风格时，建筑师更像是在选择一种语言。像维欧勒·勒·杜克这样的建筑师认为要专注于单一的风格，并表明：“当一个人拥有一种美丽而又简单且属于自己的语言时，为什么还要创作一种混合式的语言？”为了寻找一种“言其意，意其言”的建筑，英国评论家兼代言人亚历山大·贝雷斯福德·霍普（Alexander Beresford Hope）和其他倡导者也发起呼吁，认为应该在建筑风格中采取折中主义。然而，所有人都更加认同森佩尔的观点，即在一个快速变化的时期，历史的风格最有能力与广泛的公众进行交流。

这种观点也加强了建筑师们的影响力。大众总是认为建筑师是在阐述观点，并为特定问题提供更实际的解决方案，这种看法对这一职业和整个学科来说都尤为关键，建筑师也因此可以将自己与其他设计师区分开来。大多数建筑的建设，尤其是那些投资较少的小项目，都和建筑师没有任何关系。在仍然存留着浓厚乡土气息的传统建筑周围，不仅是随处可见的建筑工人，还有建筑业余爱好者，他们要么心怀一腔热血，要么一贫如洗。这些建筑爱好者没有任何专家的建议，更没有专业建筑师的指导。毕竟包括埃菲尔铁塔和水晶宫在内的许多建筑，都是由工程师设计的。建筑师们通过运用历史主义建筑风格，实现了对建筑风格交流性的强化，在此过程中建筑师也能够发挥出自己的优势，让自己获得更高的社会地位。在工业时代，即使建筑师最擅长的可能并不是对建筑结构的搭建，或是将现代材料应用到极致，但他们依然对曾经的建筑起到了不可代替的指导作用。这一主张同样影响了人们对建筑风格的理解。“建筑风格”和“建筑物”之间的区别也开始变得愈加明显。这两者的区别在于建筑物只是个简单的结构，建筑风格则意图达到某种修饰效果。约翰·拉斯金认为，“建筑风格的体现仅仅与超出建筑物普遍用途的特征相关”。穆特修斯将圣日内维耶夫图书馆视为彼时最伟大的现代建筑，这座图书馆的建筑师亨利·拉布鲁斯特（Henri Labrouste）认为，“建筑风格只不过是建筑物的装饰”。此观点也重新定义了建筑风格以及建筑师的实质。

功能

建筑的作用不仅在于与人交流，也在于改变人类，因此建筑也就成为了一种改革工具。这一过程以现代运动的形式出现于18世纪，并在18世纪后继续影响着建筑风格。正如最近的一项研究所指出的那样，作为维欧勒·勒·杜克等19世纪理论家思想的继承者，荷兰现代主义先驱贝尔拉赫（H. P. Berlage）认为正确的建筑风格将“铸造道德标准”，并有助于确立社会风气。还有的作家和建筑师则更进一步，认为建筑风格甚至可以将社会改革、宗教复兴、民族团结以及其他高尚品质灌输给大众。事实上，在工业时代，建筑逐渐被视为一种积极因素，能够对居民产生影响。

强调这种建筑风格所产生的道德力量，也有助于解释为何关于建筑风格的辩论会在哥特复兴拥护者之间愈演愈烈。根据普金提出的观点，像德国天主教政治家奥古斯特·赖辛斯佩尔格（August Reichensperger）这样的新中世纪主义拥护者坚称，只有回归哥特式风格才能塑造真正的民族，创建真正的基督教社会。而且，使用这种方式的不仅限于新哥特人。法国建筑师查尔斯·加尼叶（Charles Garnier）通过应用新古典主义风格也达到了同样的效果。与德累斯顿申培尔歌剧院不同，加尼叶的巴黎歌剧院（1861—1875）不仅代表着为促进交流而付出的努力，还象征着为塑造团体精神而做出的尝试（图6-4）。用克里斯托弗·柯蒂斯·米德（Christopher Curtis

图6-4　巴黎歌剧院

Mead）的话来说，巴黎歌剧院被设计成了“一个拥有自发性的巨大剧院，公众可以自行表演”。的确，几乎所有建筑风格的拥护者都有类似的理解。因此，在由多民族构成的哈布斯堡帝国中，意大利巴洛克式风格、法国哥特式风格、新文艺复兴式风格以及东方风格都在不同时期、不同地区产生了基本相同的效果。无论是国家、教派还是个人，他们都意在明确并塑造自己的身份。

人们对建筑风格及其影响力深信不疑，而这种信念的背后其实是对人性的常见设想。评论家和建筑师在试图解释建筑实现其影响的过程中，也常常会采用一种心理学方法，即联想。心理学对联想的定义是指我们对世界的理解构成了一张关联的网络。任何事物本身都没有内在的意义，只不过当某人遇到某物时，必然会借助对该物的联想，来理解该物存在的意义。苏格兰哲学家阿奇博尔德·艾利森（Archibald Alison）用建筑学术语解释了这一过程。他在1790年写道，想象某人遇到了某个普通的场景，这个场景或许只会给此人一种“比较美”的印象，但在此人意识到“某人曾住在这里，并留下了令人向往的回忆”后，一连串的联想便会涌现。我们重拾他们在此生活的痕迹时，这种喜悦会不知不觉地与风景所激起的感触融为一体。对这些美好回忆的向往似乎也给他们曾经的居所带来了一种神圣感，并最终将一切都转化为似乎与他们有关的美好回忆。

在这种模式下，建筑物也可以带来新的联想。无论是以宏伟华丽给人留下深刻印象的建筑，还是以“简约”和“欢乐”为主让人心生愉悦的风格，都可以影响到观众的情绪，为他们带来新的联想。

在18世纪晚期法国建筑师艾蒂安－路易斯·布雷（Etienne-Louis Boullée）的作品中，联想所产生的实际作用变得尤其突出。布雷设想了一个令人难以置信但无法完成的宏伟工程。他为纪念艾萨克·牛顿（Isaac Newton），于1784年设计了一座无法建成的纪念碑，该纪念碑也试图从意识最深处影响观众的情感体验。布雷将该纪念碑描述为一个高达150米的巨大完美球体，人们可以通过黑暗的隧道进入其内部，参观者最终会“像被施了魔法一样，通过空气的传送，乘着巨浪般的云朵进入浩瀚的太空”。该纪念碑的外形设计意在唤起人们对牛顿和宇宙的联想，而对其内部的参观则意在给予人以启发。与布雷同时代的建筑师克劳德–尼古拉斯·勒杜（Claude-Nicholas Ledoux）提供了一个更有说服力的例子。1780年至1804年，勒杜设想了一个名为乔克斯的乌托邦式新城。该城围绕着“一个巨大的圆圈”进行规划，其形状“像太阳那样圣洁”。然而，最能体现他的雄心壮志的理想主义建筑则是欧克玛妓院，一个专为城中少年开设的公共妓院。欧克玛妓院像勃起阴茎般的形状就足以表达其自身的功能，并且该建筑将人类最容易受影响的思维暴露在过度展示的性行为中，以便实现该建筑的效用。用勒杜的话来说，“近观此建筑，就能感受到罪恶对灵魂强烈的影响。该建筑通过其自身带来的恐惧，以期灵魂对美德有所回应”。无论是阴茎状妓院所营造的情色感，还是边沁对圆形监狱的设想，本质上都别无二致，因为二者都完全利用了心理学中的联想，以实现建筑自身的作用。

这些假设渐渐因其他学科的发展而得到了支持。理论家开始相信建筑可能会对人产生心理上的影响。因此，在19世纪末，理论家的研究不再局限于建筑对心理的影响，还将其扩展到了对整个身体的影响，并将其称为“移情理论”。这一理论也对20世纪初德国建筑的发展产生了特别重要的影响。工业化生产与浪漫主义普遍思潮相结合后，也突出了建筑材料和建筑设计的重要性。这不仅仅在于是否能够真实准确地体现建筑的功能，也就是所谓的“功能的真实性”，还在于对“材料真实性”的展示。如果是用砖建造的，建筑师们则应把砖材露出来；如果对建筑进行装饰，那么装饰物则要在建筑物中呈现出来，不能在装饰之后再用油漆涂抹。“真实”即是一切的关键。1844年，作家本杰明·韦伯（Benjamin Webb）在新哥特式主义运动中号召为“真实”而战，他写道：“每一种材料都应该真实地呈现出来，廉价的软木就是软木，而不是被漆成类似橡木的样子；砖就是砖，而不是粉刷成石头的样子。”这样，建筑的各个方面才能具有道德、政治和心理意义。建筑的设计与立面、结构与材料、建造方式与建筑风格都十分重要。

因此，不仅建筑风格的定义会发生改变，人们对建筑的体验感也会发生变化，这已不足为奇。工业时代的人们对待古代伟大的建筑风格发生了态度上的转变，通过研究这一转变，就很容易得出建筑风格发展的原因，即工业时代确实是一个伟大的宗教建筑时代。在这个时代中，世界各地都建造了大量的教堂。英国有数千座，美国有数万座，欧洲各大帝国的殖民地有数百座。各个教派聘用了当时最伟大的建筑师，使用最先进的材料和技术，应用了一系列不同的历史风格来建设教堂。1853年的法国期刊《考古学年鉴》（*Annales Archéologiques*）中写道：“几乎可以说，全世界都弥漫着中世纪风格的教堂气息。”

相比建筑规模，建筑条件更为重要。有人认为，18世纪的教堂像是一个充满惰性的容器，瑞典人则将其称为“布道教堂”，即一座旨在使传教士声音最大化，使教徒更为舒适的建筑。建筑师W. F.波科克（W. F. Pocock）曾就此话题在自己第一本英文著作中提道，在设计教堂时，“最需要考虑的问题就是如何让尽可能多的人舒适就座，并且可以清楚地分辨教徒和传教士的声音”。因为对建筑本身有了新的理解，所以工业时代的建筑师和投资人也建造了不同种类的教堂。教堂不再是一个惰性的容器，也不再以放大传教士的声音作为建筑的目的。如今的教堂就像传教士一样，成为了宗教活动的积极媒介。1842年，一位持有相同观点的拥护者提出：“在一个秩序井然的教会中，精神真理体现于朴素的形象之中，真理会用尽全力、倾尽智慧，给那些了解其意义的人们留下深刻印象。”此后便再次兴起了使用彩色玻璃的浪潮。雕像、陶瓷、装饰品和精美的织物也装扮了这一时期的新教堂。1855年，一位狂热者的信徒写道：“教堂里任何一件器物都有其特殊的教义；任何一件器物都象征着深刻、完整且永恒的真理；这些器物都是时代的‘信使’。”从教堂的建筑到教堂内的陈设，所有这些都会对观者有所影响，塑造着他们的精神生活。

当然，工业时代的到来不仅改变了教堂，还影响了整个19世纪的其他建筑。监狱、贫民院、工厂、学校，甚至私人住宅都被视为了一种技术工具，因为它们既塑造了住户，还对住户进行了改造。一种关注于心理健康的全新建筑风格也应运而生。建于风景秀丽处的精神病院更有助于治愈患者的心灵。同样，建筑也可能会引起病灶，糟糕的建筑可能还会导致身体状况不佳，这已成为一种普遍现象。一位维多利亚时代的私立学校校长曾说道：“万能的墙啊，毕竟你才是至高无上的最终裁决者。”这个时代的建筑看起来都各不相同，同样，人们对建筑的理解也迥然不同。

器物性

重新定义建筑师和建筑风格与其他事物的发展有着错综复杂甚至对立的关系。将建筑师视为与周围社会进行交流、一劳永逸地塑造社会环境的立法者，这种看法很大程度上归功于人们对需要一个精英阶层的考虑。这些受过教育的精英中包括了神职人员和技术官僚阶层，其中既有激进的实证主义者奥古斯特・孔德（August Comte），也有浪漫派反动者塞缪尔・泰勒・柯勒律治（Samuel Taylor Coleridge），也正是这些持不同观点的人士对这一观点进行了清晰阐述。但建筑师的职业化也是一种社会和商业现实。用一位评论家的话说，建筑师们想要界定自己的职业，确保自己的社会地位，让自己相比律师和药剂师，更能得到妻子的“伺候与服侍”。考虑到其他竞争对手的崛起，尤其是像工程师这样的职业，捍卫建筑行业并赋予其定义就显得尤为必要。同样，建筑界的新思想也借鉴了建筑界之外的概念。人们将建筑风格比作语言，将建筑比为书籍，这很大程度上要归功于当代人对语言学的兴趣。诚然，也有人认为直到1836年威廉・冯・洪堡（Wilhelm von Humboldt）出版了《论语言》（*On Language*），人们才能接受这样的类比。浪漫主义等知识分子运动的兴起也造成了一些影响。在这些运动中，英国先知塞缪尔・泰勒・柯勒律治再次成为一位重要的典范。他认为，物质世界是可理解的、易读的，美学问题中也充满了道德观念。柯勒律治将古老的教堂描述为“僵化的宗教”，这一句广为引用的描述也体现了他的理念。几十年来，这一理念也影响了建筑的风格辩论和实践。

随着技术圈的扩大，到处都能感受到它对建筑风格造成的影响，全球范围内都是如此。但可以肯定的是，对欧洲的思想与技术的吸收从来都不简单。不可否认，即使是强加于殖民地的建筑风格，也一定会混合着当地的建筑风格。不仅是平房，还有孟加拉农民单层棚屋的建筑样式与风格都可以、也的确从殖民地回到了大都市之中。但可以说，工业化建筑带来的各种好处，确实吸引了许多来自欧洲和北美以外的精英。例如20世纪初，混凝土等现代材料被视为财富和地位的象征，非洲人会像欧洲人使用混凝土建楼一样，用水泥来建造西非泥屋。中国知识分子康有为作于1884年的《大同书》中写道，未来的技术乌托邦中，我们还能看到配有“可移动房间”的“大酒店”。

更重要的是，我们一直在探求的观念发生了变化，并产生了更广泛的影响。例如，在俄罗斯，建筑师和工程师之间的竞争，可以从帝国艺术学院和土木工程学校（后更名为土木工程学院）之间的竞争体现出来。人们将后者的毕业生称为“建筑工程师”，前者的毕业生则称为“建筑艺术家”。土耳其则制度化了两者的区别，建筑成为一种民用行业，而工程成为一种军事行业。人们不仅将建筑师视为艺术家，也将其视为伦理学家。就建筑风格与个人身份、建筑物与伦理之间的关系，人们也在各处展开了辩论。英国的作家受到工艺美术运动的鼓舞，高度赞扬了印度手工制品的真实感。相反，印度民族主义者则发起了抵制英货运动，试图用本土艺术和建筑风格取代殖民者的物质痕迹。在波斯[1]，人们甚至会对建筑物蓄意发起暴力破坏，来表达自己对所谓西方化的抵制。与此同时，尽管土耳其、埃及、摩洛哥和波斯的本土统治者聘请欧洲的建筑师参与他们的展

1 伊朗的旧称，1935年更名为伊朗。——编者注

馆搭建，但在历届世界博览会中，他们却依然采用“东方”风格来宣传独特的国家身份。

并不是只有新建建筑才会面临上述发展过程。历史决定论的重要意义和建筑伦理的主张，不仅使旧建筑的地位变得举足轻重，也使旧建筑能够分析当代建筑风格，为自身发起辩护。1893年，意大利建筑师卡米洛·博伊托（Camarillo Boito）对一代人的争论进行了总结。他宣称古代遗迹应该被视为“有生命的”文件，人们可以“阅读”其中的意义。在这一前提下，辛克尔（Schinkel）将16世纪未完工的科隆大教堂（图6-5）誉为“宗教纪念碑”、“历史纪念碑”以及“有生命的国家纪念碑”。1842年后完工，人们还有意将科隆大教堂视为普鲁士国王弗里德里希·威廉四世（Friedrich Wilhelm IV）的纪念碑。

对于本土建筑而言，只要它相当古老且值得保护，通常就会备受关注。美国殖民时期的住宅、斯里兰卡的佛塔、塞浦路斯的中世纪海防，所有这些建筑都保存了下来。不仅如此，这些建筑也逐渐成为了学术研究的对象。事实上，正如维克多·布奇利（Victor Buchli）所指出的那样，对建筑的研究，尤其是对住宅的研究，成了人类学这门学科的核心部分。

1881年，路易斯·亨利·摩尔根（Lewis Henry Morgan）出版了《美洲土著居民的住房和居住生活》（*House and House-Life of the American Aborigines*）一书。这本奠基性的著作写道，人们将建筑视为一种文本，并将其解读为不同发展阶段的共同文化。书中将“文明人的装饰石”与“野蛮石匠的粗糙石”进行对比，摩尔根也就此认为，“显而易见，人类的进步程度体现在了房屋的建筑风格中”，

图6-5　科隆大教堂

而非在美洲原住民的政治或语言体系之中。

换言之，历史建筑与许多当代建筑师的作品有着共通之处。这些建筑都被赋予同样的特征，并以同样的方式为人们所理解。不仅如此，建筑还是一种媒介。正如阿斯特里德·斯文森（Astrid Swenson）所说，建筑“不再是背景中的临时演员，而是已经成了主角”。对旧建筑的重视也引起了建筑师们的职业兴趣，他们认为自己是最有能力修缮古代遗迹的专家。但人们也就如何正确对待这些旧时的宏伟建筑展开了许多激烈的争论。抗议者认为，如果旧建筑是“一份绝对值得信赖的历史文献”，那么对它的任何改变都等于“毁坏”这一“社会、种族文献”。如果古代建筑能够触动人们，影响人们的情绪，振奋人们的心灵，那么对建筑的任何改变都有可能使其丧失这种能力。实际上，一些人认为建筑真实的破败比修缮工作更为可取。艺术评论家西德尼·科尔文（Sidney Colvin）曾在1877年说道，与修缮过的“伍斯特大教堂或杜伦教堂”相比，破败不堪的梅尔罗斯修道院、廷特恩修道院、里沃修道院反而是命运更好的安排。正如克里斯·米勒（Chris Miele）所说，“原始古迹给人们心理上带来的冲击才最至关重要”。

这样的结论不仅反映了古代建筑日益增长的价值，也表明了人们渐渐开始从伦理的角度讨论古代的建筑。不仅如此，该结论也揭示了人们对这些古迹的理解发生了真正的变化。在19世纪中叶维欧勒·勒·杜克的作品中，也表达了他这一代与前几代人同样的观点。

杜克把建筑修缮视为建筑恢复到理想形态的过程，他认为，“修缮一座建筑并非对其进行保护、修复又或是重建，而是要意识到无论何时，建筑都不可能彻底恢复自身的状态”。乔治·吉尔伯特·斯科特（George Gilbert Scott）在1850年也表达了类似的观点，他先是主张“保守的修复”，但随后又得出结论：“即使将整个建筑重建……建筑都可能受到保守性修复的影响。”相比之下，19世纪后半叶的人们认为，不能将建筑修复视为对理想型建筑架构的追求，而应当追求保护现有的建筑结构。上述学者极具影响力的观点也引起了有关机构的重视，像英国古建筑保护协会这样的组织甚至主张保留公认的“劣质”结构，并将其作为建筑结构的组成部分。

1884年，英国古建筑保护协会的创始人威廉·莫里斯（William Morris）在协会内的演讲中总结了以下内容。他不仅赞扬了“饱经风霜但仍经久不衰且赏心悦目的古老建筑”，还夸赞了信而有征的古建筑唤醒了过去的回忆，触动了人们的感情。莫里斯进一步认为：

未被破坏的遗迹见证了人类思想的发展，见证了历史的延续，并为后世提供了永无止境的指导意义，它不仅告诉我们已故先辈的期盼，还带领我们领略了未来的愿景。

对于成为社会主义者的莫里斯来说，这些古老建筑是激进社会改革的灵感来源，他认为从某种程度上来说，哪怕是古迹的石砖，都能对观众产生一定的影响。虽然并非所有人都同意他的结论，但他对古代建筑的这种态度为大众广泛接受。

莫里斯的言论也见证了两个更关键的发展过程，即建筑作为一个整体，人们如何对其定义，又如何将其使用。首先，令人惊奇的是，莫里斯把注意力放在了建筑物的外观上，即让他感触颇多的“饱经风霜的建筑表面”。若把建筑和文本进行对比，将建筑视为可阅读的“书籍”，那么工业时代的建筑师和评论家确实更关注建筑的外表，而非其内部空间。用巴里·伯格多（Barry Bergdoll）的话来说，直到19世纪末，人们才会认为，“建筑风格的形式特征与漫漫文明长河中的整体建筑特征有着密不可分的关联，两者之间的联结由空间构建，而不是风格”。更重要的是，我们可以在莫里斯的演讲和作品中发现，他更愿意聚焦于单一结构，有时甚至只聚焦于部分的单一结构。莫里斯将他心中的理想建筑设计成了一件具有代表性的艺术品，而这件艺术品独立于周围的事物和环境，这种状态就是去文本化。此处还有一个关键的建筑分析发展阶段。约瑟夫·里克沃特（Joseph Rykwert）将这一阶段称为“器物性建筑”并对其发起了谴责，因为他认为这种建筑与世隔绝，其结构、设计以及应用也都处于孤立状态。

莫里斯的这种观点是从拉斯金那里学习来的，尤其是在他对威尼斯圣马可大教堂等建筑的描述中也有体现拉斯金的观点。拉斯金曾将该建筑描述为“世界中心的建筑”。不仅如此，拉斯金还对教堂中的礼拜堂作出了这样的设想：“与其说这里是信徒祈祷的殿堂，不如将其看作一本公祷书。这本巨大的弥撒经书闪耀着神圣光芒，装订此书的也并非羊皮稿纸，而是雪花石膏。书上镶嵌的不是翡翠珠宝，而是斑岩石柱，经书内外的文字也都是用黄金珐琅所书。”拉斯金对此建筑几近痴迷，在他的书籍与画作中将其描绘为一件艺术作品。拉斯金的描述产生了惊人的影响力，其影响范围也可以在其他建筑师的作品中体现出来。马塞尔·普鲁斯特（Marcel Proust）也是众多向拉斯金学习的建筑师之一，并且也将此理念运用在了自己的建筑设计中。

不仅如此，拉斯金还在建筑摄影领域有一席之地，他也同样鼓励人们把建筑作为一种器物来看待。在1855年，拉斯金强调：“风景照片只是一种有趣的玩具，而早期建筑则是珍贵的历史文献。我们不能将这样的建筑大体呈现于图片之中，而应该对其一石一砖地揣摩，一雕一塑地研究。”尽管拉斯金渐渐对摄影的意义持怀疑态度，但其他批评家也接受了他的呼吁，开始对业余摄影师展开批评。他们认为业余摄影师因“不愿放弃图像中悦人的环境背景”，而忽视了“真正值得关注的对象”，也就是建筑本身。“我们总是能发现这些摄影师干的好事儿”，20世纪初的一位拉斯金狂热追随者如是抱怨道。

相片中的大教堂、城堡、旧别墅等名胜古迹完全处于从属位置，它们在图像中的距离相对遥远。人们的注意力更容易为图像中建筑前的景物所吸引，如花园、随处可见的十字花科植物，甚至是空旷的公共区域。

也就是说，真正的建筑摄影只应关注建筑本身。

从某种意义上说，一旦将建筑视为独立的个体，一旦将其比作书籍，一旦认为建筑风格属于建筑师的专长，哪怕这个建筑师只负责审查某个施工场地的设计，那么将建筑视为器物的想法就是必然的。活动家们强调了个别历史建筑的独特重要性，这一做法也巩固了上述观点，避免了对此类建筑的开发和修缮。这种做法并非纯粹的返祖现象，也非纯粹的反动之举。其实当代科技发展也鼓舞了这种做法，最受欢迎的度假胜地就是对此最好的体现。埃菲尔铁塔等建筑作为世界博览会和大型展览的核心建筑，其设计旨在“为当前的建筑风格提供……一个主要的清晰视角”，并“以期这种建筑风格能够延伸到未来”。其实在某些方面，这一观念与莫里斯对“古建筑”的理念一模一样。如今建筑也会在现代博物馆和画廊中展出。事实上，正如艾琳娜·佩恩（Alina Payne）所言，建筑与工业品、装饰艺术的一同出现，也证明了这样一个事实，即人们的确也将建筑视为一种“器物”。

结语

维克多·雨果（Victor Hugo）的《巴黎圣母院》（*Notre-Dame de Paris*）于1832年出版，和普金所著的《对比》初版只相隔4年时间。二者在描写大教堂时有许多相同之处。前者通过书中的建筑，唤起了中世纪世界失落的记忆。后者则认为哥特式历史风格“将一切都凝聚在一起，是那么的自然而然又合乎情理，其中的一切又是那么匀称协调”，对其做出了高度赞扬。在书中，我们也可以发现时间对建筑石材的影响，“正是因为时间在建筑表面蜿蜒流过，才使得世纪更迭给它留下了阴郁的色彩，在丰碑古迹上留下了岁月的美韵”。对古老建筑的赞扬同样也引起了对另一方面的批评，即认为对古建筑的修缮是“各种各样数不清的野蛮行径”。雨果写道：“新样式带给它的损害，比改革带给它的还要多。这些样式彻头彻尾地伤害了它，破坏了艺术的枯瘦的骨架，截断，斫伤，肢解，消灭了这座教堂，使它的形体不合逻辑，不美。”

不仅如此，雨果还给出了更深层次的见解，来说明这一时期发生的深层概念变化。雨果极为重视象征主义，这一点也尤为重要。正如尼尔·莱文（Neil Levine）所言，巴黎圣母院明确表达了建筑风格作为一种交流形式的意义。雨果给出的道德训诫同样值得关注，他认为交流与真实的概念相辅相成。雨果在《巴黎圣母院》正文的三分之一处写道：“我们还须指出，假若一座建筑的构造必须和它的用途相适应，那么从建筑的外表来看，其用途就应是不言而喻的。”雨果还担心现代生产方式会妨碍优秀的建筑物的建造，这一点的确值得注意。的确，同森佩尔一样，雨果担心新技术和新材料的发展进步速度，可能会摧毁一切有价值的建筑，并用虚无缥缈的脆弱风格将其取而代之。雨果感慨道："在巴黎，盛行一时的样式每隔15年就要有一次变化"，"我们的祖先有过一个石头的巴黎，而我们的子孙将会有一个石灰的巴黎了"。当然，这只是雨果因不断扩大的技术圈而做出的一种假想。但这种观点也让普金绘制出一台衡量卓越的天平，并认为当时轻如鸿毛的建筑作品应"于天平中权衡，于权衡中发现不足"。

综上所述，我们可以发现雨果从另两个关键方面彰显了他所在时代的特征。在雨果的小说中，圣母院既是个角色，也是个背景。它"有血有肉"，有自己的"躯壳"。圣母院可以通过自己的象征、通过自己的钟声来倾诉。对于卡西莫多这个算是故事中的悲剧英雄来说，圣母院是一座"散发着母性的建筑"，"一个温顺的活物"。"老教堂和卡西莫多之间有一种本能的惺惺相惜。"巴黎圣母院并非一个消沉的容器，而是散发着活跃力量的媒介。其次，它还是一座建筑、一件器物。《巴黎圣母院》中有一段蕴含哲理且广为引用的章节，雨果在此章中把建筑比作书籍。书中所写的是一场衰败，印刷术这种新科技的问世，摧毁了建筑自身的风格力量。雨果在书中写道："建筑艺术已经死去了，永不复返地死去了，被印刷的书消灭了，由于不够耐久和成本更高而被消灭了。"这个主张十分惊人，它非常巧妙地强化了建筑和交流之间的关系，此外，它也揭示了一个基本假设。也正是因为这一假设，才让罗斯金将圣马可教堂比作一本闪耀着神圣光芒的"弥撒经书"。建筑和书籍都变成了器物，前者影响着人们，后者供人们阅读。这是这一时期及后一个世纪至关重要的发展。

第七章

随身器物

戴安娜·迪保罗·罗兰

工业时代的随身器物

1867年的一则鞋油广告中，一对穿着时尚的母女正在赞叹一位男士的皮靴是多么的光亮。（图7-1）广告以费城市场街的伍德海德百货公司为背景，展开了一组情景故事。故事中的女儿对母亲说，“漆皮的质感真是独一无二”，以此来夸赞这双皮靴质量上乘。而母亲反驳说，这双皮靴并不是漆皮材质，而是因为用了伍德海德百货公司的鞋油抛光，所以鞋面才变得如此光亮。这则引人深思的广告也阐明了一个事实，即工业革命是社会发展中的一个重要转折点。工业革命不仅带来了消费品的大规模生产，推动了新式生产技术的应用，还促进了工厂和城市中心的不断发展，也导致了现代消费主义的异军突起（见本卷导论）。从图中母女的着装、仪态，以及她们对器物的鉴别力，可以看出她们来自上流社会。而这位男士则可能来自日益壮大的中产阶级。虽然他买不起漆皮，却可以买到另一样模仿出漆皮质感的商品。图中没有描绘的则是含辛茹苦的工人阶级。这一阶级无论男女老少，都身处肮脏不堪，甚至存在安全隐患的工作环境之中，而他们拥挤不堪的生活环境也使得自己常常疾病缠身。

图7-1 伍德海德百货公司，钻石牌黑鞋油广告。图中两位女士正在讨论男人闪亮的皮鞋，背景为伍德海德公司生产鞋油的工厂，1867，LoC 2005682833

工业革命根植于殖民帝国的建立、资本主义的兴起，以及跨大西洋的货物贸易。这一时期，方方面面的日常生活几乎都受到了某种程度的影响。格罗布伊（Goloboy）是这样描述工业革命的："它不仅重塑了美国人的身份，还将劳动者与所有者、工人阶级与中产阶级、美国人与外国人进行区分。"从手工制作到工厂生产，工业革命改变了以往的劳动性质。欧洲、北美将从殖民地获取的原材料送往工厂车间，加工为成品后运往世界各地，当地市场也就这样与全球市场融为了一体。工业革命也推动了工人阶级的日益壮大，促进了工业区周围城市不断发展。自动化生产和无处不在的广告也引起了全球范围内新兴消费者的大规模消费。

在这个充满发展与变化的时期，随着科学认知不断变化，医学不断创新，阶级差异被重新定义，达尔文进化论在全球传播，人们对自我的看法和理解也随之发生了变化。工厂、学校和监狱通过开展行为举止教育，训练并规范了人们的身体。麦克科林托克（Mcclintock）还强调了形成于工业时代的“危险阶级”，即“工人阶级、爱尔兰人、犹太人、激进人群等”，认为这一阶级与中产阶级和上流社会形成了对比。不同身份之间的比较，以及构建“他们”和“我们”的话语体系，这些都导致了差异的形成。这种差异不仅剥夺了个人的尊严，也使个人屈服并受到奴役。无论是媒体和文字材料所表达的反移民情绪，还是历史中被抹去的人们与他们的故事，从中我们都可以发现殖民时代遗留的印记。社会差异往往通过视觉媒体展现，例如18世纪末西班牙北美殖民地绘制的《卡斯塔》（*casta*，西班牙语音译，意为混血人种）画作，画中就描绘了不同种族的人融合后所导致的社会差异。在这类画作中的混血人种，无论是其后代的人种、家庭在殖民社会中的地位，还是他们的行为举止都由他人所定义。（图7-2）种族和社会阶级不仅决定了每个社群特定的饮食、职业还有着装，同时也能够让人直观地看出一个人在殖民社会中的地位。这些画作也展现了艺术家对混血人种后代的样貌、生活、穿着、饮食和打扮的想象。

图 7-2 《西班牙人和摩里斯卡人的后代，白化病女孩》（*From Spaniard and Morisca, Albino Girl*），米克尔·卡布雷拉（Miquel Cabrera）作，藏于洛杉矶州立艺术博物馆，M.2014.223

在这一时期，各个方面都与身体以及贴身器物产生了关联。自动化生产使新消费品变得价格低廉，服饰的变化也不单单是为了追随时尚潮流。以不断壮大的工人阶级为例，他们需要的就是适合在工厂穿着的制服。当然，服装只是贴身器物中的一种。饮食种类和进餐时间同样也发生了变化，影响了人们的烹饪方式、饮食习惯以及陶瓷餐具的生产制造。贴身器物也与健康疾病有关。随着城市人口增多，人们的住所越来越密集，感染肺结核等传染疾病的概率也开始急剧增加，卫生设施、废物处理、水资源管理以及拥挤不堪的生活环境，也成了越来越令人担忧的问题。时代变化的印记也刻在了工人的骨骼上，操作新式机器迫使工人们进行重复性劳动，这也损伤了他们的关节，在骨骼上留下了痕迹。

工业时代中，时尚、饮食、疾病和城市也只是对人们身体造成影响的部分因素。因此，本章将贴身器物视为一种记载着人类物质文化的档案，并对其进行了广泛的设想。尽管服装属于主要的贴身器物，但贴身器物不仅仅是指服装。为了让大家了解这一概念的细微差别，以及这一时期阶级、种族和性别这些老生常谈的话题，我们最好将贴身器物视为与身体相关的器物。也就是说，贴身器物是与我们肉体和精神相关的器物。虽然有关贴身器物的考古记录为数不多，但贴身器物的确覆盖了相当大的范围。人们之所以需要使用贴身器物，是因为它既具有实用性，又与我们的身体有着无形的关联，例如用于卫生、健康、精神、打扮、清洁以及时尚方面的器物。在考古学中，这些器物都是一些“小发现”，例如纽扣、搭扣这样的服装扣饰、珠宝、私人饰品以及顶针和针这样的针线工具。除此之外，贴身器物还包括用于身体护理和梳妆打扮的器物，例如牙刷、医治身体的药物、象征精神信仰的徽章、护身符以及清洁头虱的梳子。以位于波士顿港城堡岛的独立堡垒为例，在这座军事遗址中就发现了许多贴身器物。虽然从表面看城堡岛只有一座堡垒，但挖掘过后，人们在该遗址中发现了19世纪中期已婚和单身军官的家用贴身器物，其中包括许多素色的骨质纽扣、陶瓷纽扣、军用纽扣和头虱梳。

工业时代有很多值得探讨的贴身器物，但在本章中，我将重点讨论以下两种贴身器物：一是遮蔽身体的相关器物，二是护理身体的相关器物。在第一小节中我们讨论的贴身器物不仅有服装和针织用品，还有在考古记录中比服装更为常见的服饰扣件、身体护理用品、卫生用品、医疗物品以及护身符。考古过程中发现的大部分器物实例不仅源自北美，还有包括澳大利亚在内的其他地区。这些器物的主人来自不同的社会，有的是美洲原住民，有的是英裔美国人。他们使用这些器物来解决自己的日常需求，但由于身份、人种、性别以及民族因素，这一部分人在历史中被我们忽视，渐渐遗忘，并最终被抹去了痕迹。正如博德里所指出的那样，“洞悉他们的生活能够使我们更好地了解历史上特定时期的人类状况”。因此，本章关于遮蔽身体和护理器物的讨论，可以作为进一步探究工业时代贴身器物的基础。

遮身器物：服饰的穿着与制作

1759年12月，约翰·佩奇（John Page）在日记中写道，早上学习完圣经后，就前往了沃伦先生（Mr. Wallen）的住所。佩奇付给沃伦15英镑，买了他的第一件加厚长款大衣，此外还有一条新马裤、一对膝扣和半块肥皂，随后他便回到哈佛大学继续自己的学习。据他描述，那天“极度寒冷”。佩奇买大衣时21岁，那时也是他在哈佛大学学习的第二年。他于1764年获得文学硕士学位，后来成为新罕布什尔州丹维尔市的一名牧师。他的日记中有一些有趣的细节，记录了他在学生时代的日常生活，例如为买糖、茶、咖啡向大学宿舍管理人员借了点钱，为了缓解喉痛买了点药物，记录一下听课的时长，还有花了9先令从梅里尔先生（Mr. Merrill）那儿买了一对卷发器，来给假发做造型等事情。

和我们的生活一样，服饰在佩奇的生活中构成了重要的一部分。我们都要穿衣打扮，不仅是为了在环境中生存，为了身体的舒适，也是为了区分“自我”和“他人”，更是为了让自己体面，让自己光鲜靓丽。个人和社会身份的众多方面都由服饰穿着体现出来，例如地位、性别、职业、文化程度和宗教信仰。然而，贴身器物不仅仅只有表面用途，作为一种物质文化的组成元素，它更是个人生活经历的一部分。拥有个性的服装不仅象征着一定的含义，也涉及了方方面面。服饰风格也与品味、模仿、生产和消费息息相关。穿着打扮的方式也是政治身份和个人身份的有力体现。在那个极度寒冷的日子里，佩奇走在大街上，他那件加厚长款大衣一定颇受好评，也符合他剑桥市哈佛大学年轻学者的身份。根据剑桥市哈佛大学规定，学生必须穿着朴素，这也反映出这所高校贯彻的清教精神。

佩奇的日记就好像一份形象的历史档案资料，叙述了殖民时期美国时尚潮流的丰富细节，为我们提供了一份参考。凭借日记中的描述，我们就可以重现历史，精准制造并使用当时的军用纽扣和鞋扣。日记中还记录了佩奇日常生活中的一些其他信息，如这位18世纪的哈佛学生如何尽可能保持身体清洁、护理身体，以及如何曲卷假发、打扮时髦。这些信息带我们走近了18世纪末佩奇这样的哈佛学生的生活。不仅如此，我对服饰展开的考古学研究也为这个故事增添了更多内容。无论是一颗丢失的纽扣，还是一颗松动的玻璃珠，这些发现在考古记录中都并不常见。这些物品通过物质和感官将我们与过去的事物相连，即便是文字和图像也无法与这些物品比拟。正是因为这些考古记录，我们才能观察到殖民时期人们的生活细节，了解到禁奢法令下的流行服装样式，分析人们是否操控、又是如何操控时尚的，清楚18世纪哈佛学生卷曲假发的方式。

服装衣物只有在最适宜的环境条件下才能够在考古环境中完好地保存。因此，考古学家最常发现的是那些“小物件”。有的是装扮贴身器物的残件，例如纽扣和搭扣这类的扣饰、珠宝、护身符、布料或衣物碎片；有一些则是用于梳妆打扮的器物，如梳子、假发卷发器、眼镜片、化妆品；还有的则是缝制修补衣物的工具，如顶针、针和布料铅封工具。布料和皮革上缝着的扣件，能更完整地展现特定社会背景下人们穿着衣物的方式。衣物上脱落的扣件也是考古现场中的发现，这些器物不仅能让我们联想到当时的服饰风格，也使我们想到自己衣扣脱落的衣物，还有那些想找却找不到的衣扣。

时尚风格与外形

1760年至1900年期间，时尚的定义因地而异，发生了翻天覆地的变化。手工及工业制品的可及性和价格决定了消费者各方面的行为，但衣着服饰远不止以展现时尚为目的。在工业时代，对服饰的品味传达着个人身份、阶级、种族、性别等信息。例如，在18世纪后期的革命背景下，衣着往往表达着一种政治立场。例如在法国大革命期间，既不穿风靡贵族圈的时尚丝质裙裤，也不穿及膝马裤的工人阶级中的男性，就被人用“长裤汉”（sans culottes）一词来形容。男性工人阶级内部流行穿着长裤，以此表达他们的社会地位和革命者身份。

在某些社会背景下，穿着可以用来区分种族和社会地位。苏菲·怀特（Sophie White）对18世纪末新奥尔良市的服饰展开了研究，当时该市分别规定了自由非洲裔美国人与黑奴的服饰穿着以及禁奢法令。怀特就此进行了讨论，她指出，无论是服装还是奴隶主提供的物品，所有这些器物构成了一个舞台。在舞台之上，奴隶可以展现自己的价值，打理自己的外表，表明自己的身份，甚至还可以“促进，也可以破坏种族内外的权力关系”。自由非洲裔美国人和黑奴在该市的市场经济行为对白人殖民者也造成了威胁，所以无论是黑奴女孩穿着的红裙，还是逃亡男奴系的多条纹头巾，在白人眼中都是极为不妥的服饰穿搭。当时的人们通过服饰穿着来表达种族和性别差异，而这类穿着就相当于对当时的成规发起了挑战。这种穿着方式不仅破坏了社会地位的界定，时不时对其发起挑衅，还定义了全新的服饰表达方式，传达着社会中微妙的身份差异。

对于考古学家而言，在任何情况下谈及贴身器物，都必须考虑到服饰的细微差别，并以此来反驳主流叙事观点，探究全新解释。最近学者们对美国散居侨民和非洲裔美国人社群出现时期及发展时长展开了一项研究，这一研究与考古学家的上述观点也有所关联。在波士顿非洲会议中心，我们从物质文化的讲解中就能听到与服饰相关的新实例。非洲会议中心建于1806年，19世纪成为该市自由黑人社群的中心。该会议中心作为一个中心聚集地，不仅是浸礼会教堂，还是黑人儿童教育和社群庆祝活动的场所，也是废奴运动的核心地点。20世纪70年代到21世纪初，考古人员对该遗址进行了挖掘。兰登和巴尔杰指出，该遗址“不仅代表着对种族主义和压迫的反抗，更是这个社群首创精神与成就的体现”，从中出土的文物也能表明这个社群不仅独立强大，而且还享有了物质上的自由。从遗址中还发现了与服饰相关的贴身器物，例如鞋子部件、军用纽扣、一只金耳环、一条项链、一个风扇支架和一个假发卷发器。鞋子部件中包含了一个质量上乘的旧鞋底，这也能体现出社群成员的富裕程度。军用钮扣可能暗示着社群居民的阶级、男子气概和公民身份，而耳环和风扇支架更显而易见地表明曾经在此生活的非洲裔美国人有着较高的社会地位。怀特认为风扇体现了其所有者的社会地位和性别，同金耳环一并展现了所有者的富裕程度。总而言之，波士顿非洲会议中心遗址中的贴身器物，展现了19世纪该地社群成员营造自身高雅形象的各种方式。

然而时尚背后的动机并不总是品位，工业时代女性束身衣的流行就是一个例证。在这一时期，时尚定义了女性特质，而束身衣塑造出一种腰身纤细的女性形象。科尔奇（Kortsch）指出，“束身衣象征着女性的社交礼仪和社会地位。它比其他任何衣物都更能确保女性体面的社会地位，因此成为了各个阶级女性必须穿着的服装”。任何阶级的女性，如果不穿束身衣出现在公共场合，都会遭到旁人的议论与审视。束身衣是一种满足医学与道德需求的贴身器物，它不仅为女性塑造出了理想身材，还影响了女性的活动方式。因为束身衣凸显了女性的身材，所以人们还认为它能够勾起性欲。

考古学家在大多数19世纪的遗址中都能发现束身衣的存在，这并不奇怪，并且有些遗址曾经还是一些不雅场所。塞弗特（Seifert）研究了19世纪华盛顿特区红灯区（又名“妓女区”）的器物。塞弗特认为，妓院中的器物可被视为一类特殊的家用器物，在那里，没有血缘关系的女性在同一屋檐下生活工作。该遗址中发现的器物包括普通的玻璃和陶瓷纽扣，以及用于精致服装的高级黑色玻璃纽扣和玻璃珠。此处的器物堆中也发现了束身衣，在此背景下，勾起性欲就是束身衣的作用。

19世纪中期波士顿恩迪科特街妓院中，从事性工作的女性以及她们的生活也成为了路易斯考古研究的对象，并且路易斯的看法也与上述观点类似。路易斯认为，遗址中的器物，包括纽扣和束身衣，体现了这些女性的个人礼仪、家庭氛围和日常生活。此外，从现场挖掘中还发现了女性用于护理的贴身器物，例如牙刷、专利药瓶和30个阴道玻璃注射器。这种注射器可以将液体洗剂注入体内，汞、醋和砷是这种液体的主要成分，该洗剂主要用于阴道清洁、预防妇科疾病以及终止妊娠。在此背景下，束身衣为外部身体塑形，而注射器用来护理身体内部。两者的使用均是为了保持身体的健康清洁，确保表里均无病灶。

缝制工艺

缝衣针、大头针、顶针、粗针、剪刀和锥子都是可以佐证服装制作历史的考古证据。除此之外，用于固定和装饰衣物的珠子、纽扣、扣环、领钩扣等材料也能够证明服装制作史。然而，除了玛丽·博德里

（Mary Beaudry）撰写的《发现：针线活和缝纫的物质文化》（*Findings: The Material Culture of Needlework and Sewing*）一书外，很少有人从考古学的角度写过有关服装生产工具的书籍。

与服装相关的贴身器物随处可见。例如普罗塞尔纽扣，这是一种小型模制陶瓷纽扣，是19世纪最常见的纽扣之一，由于表面有光泽，经常被误认为是玻璃。普罗塞尔纽扣产于1840年后，外形以四孔纯白色居多。19世纪末到20世纪初，出现了印花布和格子布外形的普罗塞尔纽扣。这是一种实用型纽扣，人们也会根据纽扣的大小，将其应用于内衣、工装衬衫和其他服装上。例如，直径约四分之一英寸的小纽扣一般用在衬裙、裙箍、睡衣、女士无袖上衣和灯笼裤上，而较大的、有图案的纽扣则被缝在罩衫、衬衫和马甲上。各地都发现过普罗塞尔纽扣，包括哈佛广场、阿肯色州的宅基地和加利福尼亚州的佩塔卢马牧场。在一些考古案例中，人们未把普罗塞尔纽扣作为衣扣使用，而是将其视为一种装饰品。例如，在西伯利亚收集的一顶19世纪末的赫哲族女性帽子上，普罗塞尔纽扣就缝在帽子侧面作为装饰，这也表明了这种纽扣在全球都随处可见。

普罗塞尔纽扣同样也是服装生产史的考古依据。在波士顿女子工业学校的考古挖掘中发现了数百颗普罗塞尔纽扣。这所学校建于1859年，1880年停办，这里主要为6岁至15岁的贫困女孩提供教育和培训，以便她们将来从事家政服务行业。该遗址也发现了其他器物，包括缝纫设备、纽扣、写字板、铅笔以及各种教学工具。学校在1860年的报告中写道："自5月1日以来，学校已经编织衣服422件，长袜49双。"遗址中发现的大量的各种纽扣，也表明了学校为家政服务培训所做的工作。

在工业时代，与制造业相关的贴身器物不仅包括在工业遗址中发现的物品，还包括家庭和社群中用于各种手工作业的小工具。例如，珍妮特·斯佩克特（Janet Spector）在她的经典著作《这把锥子意味着什么》（*What This Awl Means*）中，以一把从瓦佩顿达科塔村找到的骨锥为线索，创作了一个关于19世纪达科塔村女性生活和工作的故事。作者认为，这把用于刺穿兽皮的锥子属于当地一位名为马扎基耶温（Mazaokiyewin）的熟练皮革制作工。对斯佩克特来说，这把锥子代表着一种叙述女性工作的方式，而在考古说明和当代对达科塔村人历史的叙述中，都表明了人们几乎完全忽视了这类工作。其他类似的制作工具也能让人们对一些工作产生更加深入的了解，但这些工作要么往往隐藏在历史叙事之中，要么在考古学解释中被人们忽视。人们忽视的不仅是女性和儿童的劳动，还有在工厂、家庭和社区工作的男性，以及那些仅为养家糊口而习得一技之长的人。

身体护理：治疗与药物

1832年，医生兼教育家詹姆斯·P.凯－夏特沃斯爵士（Sir James P. Kay-Shuttleworth）出版了《曼彻斯特纺棉厂工人阶级的身心状况》（*The Moral and Physical Condition of the Working Classes Employed in the Cotton Manufacture in Manchester*）一书，描述了当时严峻的卫生条件形势：

在议会街，380位居民只有一间厕所可供使用，而这间厕所建在一条狭窄的过道内，周围的房屋都充斥着厕所的瘴气，这肯定是最容易滋生疾病的地方。在这条街上，家家户户的门边都有一个敞开的化粪池，里面堆放着恶心的垃圾，有毒的瘴气不断地向外扩散。

在议会的街道旁大约修建了30间房屋，这些房屋的墙壁与后门仅仅相隔一条极其狭窄的过道（约1.35米宽）。这30间房屋只有一间厕所可用……根本就没有卫生保障。

公共卫生属于民生问题。随着城市地区变得日益拥挤，天花、霍乱、伤寒和肺结核也开始在英美工人阶级中蔓延开来。19世纪中后期，在接受细菌理论之前，瘴气理论认为疾病是由于环境因素而产生的，如污染的水、污浊的空气和恶劣的卫生条件。（图7-3）此外，人们认为，像淫乱、酗酒和懒惰这些不道德的行为，都让人容易生病。因此，卫生与清洁是19世纪社会公共卫生改革的核心内容，旨在对贫困人群和工人阶级进行个人卫生和道德方面的教育。

图7-3 《霍乱王的宫廷》（*A Court for King Cholera*），《笨拙》漫画杂志，1852年10月潮流集

在拥挤的城市地区装配污水管、下水管、合适的排水系统和公厕，此类公共工程就是为了解决清洁问题。除此之外，政府不仅进行身体卫生宣传教育，还为患病的人们提供了新的医疗手段。牙刷、头虱梳、洁面粉、肥皂盒和冲洗注射器（如从恩迪科特街妓院发现的那些）只是这场运动中的部分贴身器物。而放血疗法、拔火罐和水蛭是专业医学人员的“武器库”。尽管应由药剂师为人们配药，但市面上却出现了越来越多的专利药，此类药物属于非处方药，人们可以不必咨询医生便自行用药，尤其是那些没钱的、无法获得专业医疗救治的人们都选择了这种治疗方式。豪森指出，“服用任何药物都是对身体不适的一种积极应对，在19世纪，疗效当然不是专利药物和普通药物的关键区别”。那时，专利药是为一些百姓准备的，他们得不到医生的帮助，但渴望找到治愈自己病痛的方法。

然而大多数“专利”药品实际上并没有获得专利，因为如果想要获得专利，制造商就必须公开药品的配方。在整个19世纪和20世纪早期，专利药广告遍布大众媒体，在报纸、期刊和杂志上都能看到。媒体也宣称几乎任何身心上的病痛都可以通过服用专利药物痊愈。到了19世纪末，成立于1847年的美国医学协会把枪口对准了报纸杂志上的专利药品行业，在《科利尔杂志》（*Collier's*）和《妇女家庭杂志》（*Ladies Home Journal*）等流行刊物上向人们发起了警告。他们认为，专利药品的主要成分是酒精，某些此类药品中还含有吗啡、可卡因和鸦片，如果给儿童或孕妇服用，反而有可能对他们的身体造成伤害。

霍德牌沙士药剂（Sarsaparilla）产自马萨诸塞州洛厄尔市，是19世纪末一种极为流行的专利药品。霍德牌沙士药剂售价仅为1美元，其广告声称该药品可以净化血液，治疗心脏病、水肿、丘疹、猩红热、伤寒、淋巴结核（淋巴结的一种细菌感染）以及风湿病。（图7–4）北达科他州农业试验站在1916年的一项研究中指出，这种混合物中含有18%的酒精、甘油以及植物根提取物，但是庆幸的是其中并不含有汞、砷等危险成分，但格林博士的研究表明沙士化合物中含有甲醛。他们对该研究总结如下：

在看到广告中的药物能够治疗一系列疾病后，人们就会期望找到一种真正的灵丹妙药。但事实上要是真有某种药物能够治愈上述疾病，那该药不仅一定超出了人类的认知范围，而且也一定会成为人类的一大福音。在这个医学信息刚刚启蒙的城市里，如此荒谬的广告内容完全有悖常理，刊登此类广告的公司和企业也无异于是在欺骗大众。

尽管有人声称沙士药剂并无治疗疾病的效果，但它在19世纪依然非常流行。在19世纪的许多遗址中都发现了沙士药瓶的碎片，其中就包括哈佛广场和曼哈顿五点区[1]。这两个地区的社群结构也有着天壤之别。19世纪末，哈佛学院是一所教育机构，并以学校里富有的、非犹太人的英裔美国男学者而闻名。然而五点区是19世纪纽约市最声名狼藉的贫民窟。在哈佛学院，沙士药瓶碎片是从学生宿舍附近的垃圾区找到的。在五点区，考古人员则在一个爱尔兰裔美国人的家中和一间名为“混乱”的房屋中发现了沙士药瓶碎片，后者也很可能是一家妓院。这两个地方唯一的联系就是两地都有使用

1 五点区是19世纪美国纽约市的一个社区，位于曼哈顿的下城区，名称来源于三条相互贯通的街道所形成的五个拐角。—— 编者注

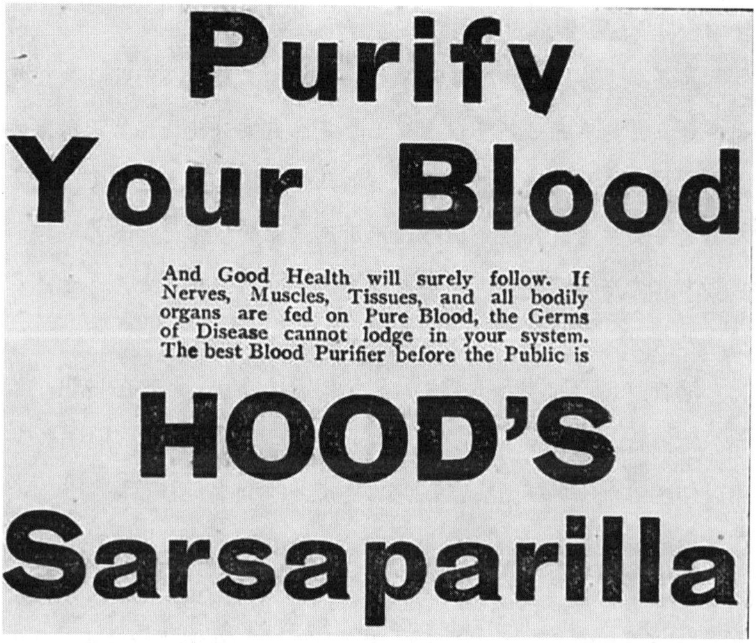

Purify
Your Blood

And Good Health will surely follow. If Nerves, Muscles, Tissues, and all bodily organs are fed on Pure Blood, the Germs of Disease cannot lodge in your system. The best Blood Purifier before the Public is

HOOD'S
Sarsaparilla

图7-4 《波士顿环球报》(*The Boston Globe*)“霍德牌沙士的广告”，1895年3月30日，星期六，马萨诸塞州波士顿

这种普通药物的痕迹。虽然雅明指出如今沙士药剂已被认定为一种治疗性病的专用药物，但在彼时无论贫富，人们都用它来治疗其他疾病。

奴役与身体健康

赛迪娅·哈特曼（Saidiya Hartman）于2008年发表了一篇名为《维纳斯的两幕剧》（*Venus in Two Acts*）的文章，这篇十分精彩的文章讲述了大西洋奴隶史中随处可见的“维纳斯”女性。此文不仅重点描写了这类通常被称为“维纳斯”的女性拥有的快乐回忆，还讲述了她们遭遇的可怕暴力事件，并认为无处不在的她们也是大西洋世界历史中的一部分。我们对她（指“维纳斯”）的日常生活知之甚少，历史档案中仅存的只是对她施暴的证据。哈特曼这样写道：“在奴隶收容所、运奴船的船舱、传染病院、妓院、笼子、外科医生的实验室、监狱、甘蔗园、厨房、主人的卧室……都能看到‘维纳斯’的身影，她无处不在。没有人记得她的名字、记下她说的话，也没人注意到她是否只是什么都不愿意说。关于她的一切，只是一个不合格的证人所讲述的不合时宜的完整故事。”历史档案中只记载了对她们施暴、奴役以及囚禁的行径。而我们面临的挑战是如何不让这些可怕瞬间成为她们故事的全部，同时又不将这些罪行淡化，最终叙述出她们的生活。哈特曼主张在叙事上要有所克制，她认为叙述出她们的全部生活是不可能的，因为依靠历史档案无法讲述出她们的完整故事，若一意孤行，故事的真实性就成了问题。然而我也在想，考古学是否能提供另一种叙述方式，讲出大西洋世界中非洲女性奴隶的部分故事，并揭示她们各方面的日常生活？尽管在研究大西洋奴隶制方面考古学有自身的局限性，但除了档案中记载的暴力事件外，考古学还能提供什么?

洛丽·李（Lori Lee）利用来自托马斯·杰斐逊（Thomas Jefferson）杨树林种植园的考古证据，研究了19世纪中期弗吉尼亚州有关非洲奴隶的健康和消费情况，并强调了其中的种族、医疗和剥削等问题。她指出，这一时期美国白人和非洲裔美国奴隶对健康和疾病有不同的认知和治疗方法。非洲裔美国医师、助产师和赤脚医生在照顾病患方面发挥了核心作用。文章中对黑奴遭受的殴打、中毒、婴儿死亡以及因长期受寒导致肺部感染的情况进行了描述，凸显了弗吉尼亚州中部非洲裔美国奴隶在日常生活中面临的残酷现实，也让我们再次思索了哈特曼对于档案和故事的警告。

来自杨树林奴隶区遗址的民族植物学证据表明，受奴役的非洲裔美国人采用了不同的疾病治疗方法。例如，考古学家从该地发现了曼陀罗植物的碳化种子，证明当地人通过吸入这种植物燃烧后的烟雾来治疗呼吸系统疾病。由于卫生条件恶劣，奴隶们又没有鞋穿，就导致了蠕虫猖獗，黑奴们还会用这种植物驱散蠕虫。此外，考古学家从该遗址和其他的黑奴遗址中也发现了其他物品，如用作护身符和吉祥物的穿孔硬币，还有用来给婴儿磨牙的玻璃珠。但考古证据借此也提供了另一种叙事观点，即结合历史档案中奴隶们遭到的暴力行径和痛苦经历，来分析黑奴如何在白人的专业医疗体系外，利用自己的物质文化和传统知识来治疗疾病，寻求健康。

瘴气与手帕香水

重建卡塞尔登广场的考古调查项目（*The Casselden Place*

Redevelopment Archaeological Investigation Project）复原了19世纪中期到20世纪中期墨尔本市中心工人阶级生活的大量信息。19世纪末，墨尔本是南半球最大的中心城市之一，也是澳大利亚农业和矿业产品出口全球的重要港口城市。该项目挖掘的区域，即卡塞尔登广场遗址，当时是以工人阶级为主体的社区，社区中的住宅区占据较大面积，但其中也有工厂和商业区。

历史学家和大众普遍认为卡塞尔登广场是一个疾病肆虐的贫民窟，住满了罪犯、妓女和穷人。然而考古调查提供了另一种叙事观点来让大众重新审视这个地区。虽然这里已不复存在，但它曾经是一个充满活力、人种多样的工人阶级社区。默里（Murray）指出，尽管卡塞尔登广场居民的生活中充斥着疾病、困难和不平等，但“这些人也有自由的选择，他们有时间参与休闲活动，组建家庭，并且有一定的经济基础来支撑这一切”。出土器物所传达的信息也驳斥了该地是“贫民窟”的说法。出土物品中有葡萄酒瓶、杜松子酒瓶、烟斗、中国瓷器和钱币、高档茶杯、墨水瓶、香水和化妆品瓶、黄金饰品、玩具、花边制作设备和小摆设，这些器物足以证明这里的居民热衷于购买生活消费品。

卡塞尔登广场的居民也需要医治身体上的病痛。挖掘中发现了大约100个专利药的药瓶。正如上一节提到的，19世纪专利药的主要成分是酒精，药商声称专利药不仅可以治愈多类疾病，还可以自行用药，广告对此也进行了大肆宣传。此外，香水瓶也体现了卡塞尔登广场居民护理身体的方式。在出土的器物中就有20个来自英国和欧洲其他地区知名品牌的香水瓶，其中包括产自法国的爱德华·皮诺和尚·马赫·法里纳香水。皮诺和其他欧洲香水可“喷洒于手帕”

PATENT MEDICINE AND PERFUMERY DEPOT.
EVERY ARTICLE GUARANTEED GENUINE.

COOLING DRINKS.—Lemonade, Gingerbeer, Gingerade, Soda and Seidlitz Powders, 12 in box, 1s; Ginger Wine, 1s 6d; Limejuice Cordial, 1s 6d; Limejuice, 6d and 1s; Raspberry Balm, 1s 6d; Bishop's Citrate Magnesia, 1s, 2s 6d, and 4s 6d; Dinneford's Fluid ditto, 1s and 2s 6d; Kruse's ditto, 1s 2d, 2s, and 3s; Persian Sherbet, in bottles, 1s: and others.

FOR THE COMPLEXION.—Barry's Pearl Cream, 2s 6d; Bloom of Roses, 1s 6d, 2s, and 3s 6d; Bloom of Ninon, 6d; Stage White, 1s; Rowland's Kalydor, 5s; Godfrey's Extract of Elder Flowers, 3s; Magnolia Balm, 2s 6d; Carmine, 6d; Pinaud's Rouge, 1s 6d; Pear's Rouge, 1s and 1s 6d; Blanc de Perle, 1s: and others.

图7-5 皮诺香水广告，1877年2月9日，澳大利亚，悉尼，新南威尔士州，《悉尼先驱晨报》

的广告在当时澳大利亚的报纸上很常见，例如图7-5所示的1877年《悉尼先驱晨报》（*The Sydney Morning Herald*）中的广告。

19世纪的人们在手帕上喷洒香水（通常为紫罗兰香味）来让身体带有芳香，有时也会把手帕捂在鼻子和嘴巴上，以掩盖城市里难闻的气味。瘴气理论鼓吹瘴气或难闻的气味会引发疾病，在19世纪城市地区，这也是卫生改革运动所持的常见共识。瘴气理论解释了为什么霍乱、伤寒以及其他疾病会在人口拥挤、排水不畅和茅厕污水泛滥的城市以及贫穷地区流行，卡塞尔登广场就是一个例子。人们将专利药视为一种缓解因病不适的方法，而香水则是另一种对抗疾病的手段。在卡塞尔登广场出现的香水瓶表明，香水不仅可以使身体带有芳香，而且还是一种保护身体免受污浊空气和疾病侵害的预防措施。

护身符与穿孔硬币

通常情况下，人们会费尽心思来保护自己的身心健康。这类用于护身的器物通常会直接佩戴在身上，而且护身符也不同于十字架和宗教勋章，因为它们并非“佩戴者与神明之间的媒介”。这些充满能量的器物被赋予了多重意义和信仰，虽然有的属性奇特，但往往都能起到护身的作用。例如，19世纪意大利名为“玛诺菲卡”（manofica）的饰品，就可用于抵御邪恶之眼的力量。（图7-6）护身符和穿孔硬币通常也被称为“幸运币”，用以保佑人们不会感染霍乱和其他传染疾病。19世纪纽约的爱尔兰移民就会佩戴护身符，以求避免感染淋巴结核，林恩（Linn）对此类事件也进行了探讨。

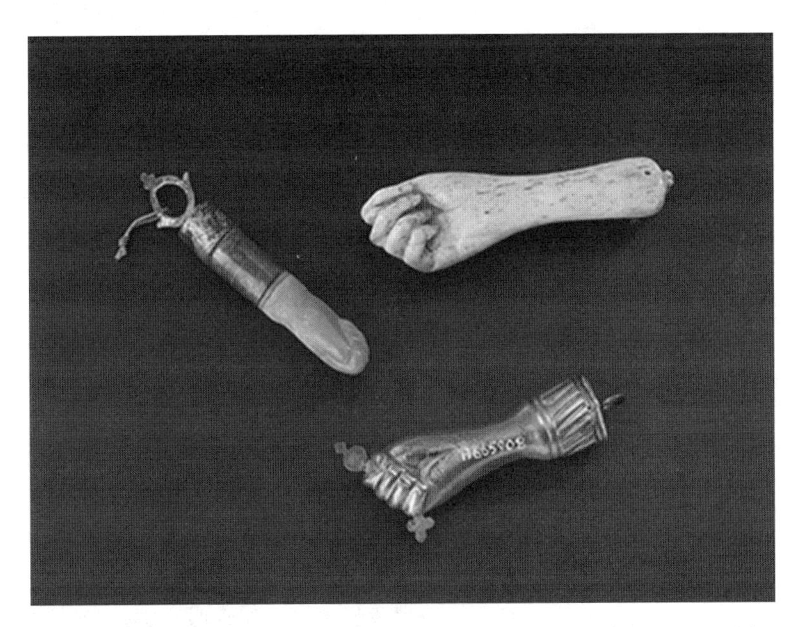

图7-6 银制、骨制和珊瑚制玛诺菲卡装饰物。维罗纳，意大利，19世纪。伦敦，科学博物馆，威康收藏馆

在19世纪，非洲裔美国人还将硬币作为护身符使用，以此来辟邪驱疾。1869年至1907年期间在美国达拉斯市发现了一位非洲裔美国人的墓地，该墓的主人就佩戴着穿孔硬币，戴维森（Davidson）研究了这一现象并对其做出了简要描述。他指出，在15座墓葬中都发现了穿孔的美国钱币，这些钱币通常佩戴于颈部或脚踝。为了对南方非洲裔美国人此类做法的起源进行追溯，戴维森不仅回顾了20世纪30年代工程进度管理局此前收集的奴隶资料，还整理了将硬币作为护身符佩戴的相关民间传说。

在19世纪和20世纪初，这种做法常见于住在达拉斯市和南方其他地区的非洲裔美国人中。当时人们用硬币当护身符来辟邪驱疾，他们会将穿孔硬币挂在幼童颈部，以求保护长牙期和断奶期的婴儿。而成年人显然也佩戴硬币，以求驱散风湿及其他疾病。

结语

在工业时代，贴身器物随处可见。随着制造业和广告业不断发展，即便是普罗塞尔纽扣这类不起眼的物件，也可以从生产地英国运到新英格兰甚至更远的蒙古地区。贴身器物有着很大的作用，能够满足各种各样的身心需求。人们也用贴身器物来遮身蔽体、治疗疾病，保护自己的精神和肉体免受侵害。然而，正如本章中各种事例所表明的那样，贴身器物是意义微妙的物品，它们的作用也与个人和社群有着一定关联。为了充分理解贴身器物与身体的关联，我们必须在此类器物的生产与使用背景中对其进行解读。

最后，我想表明贴身器物值得我们关注。尽管服饰类贴身器物可能难以保存较长时间，但对此类器物的考古研究依然有着至关重要的价值意义，因为它们作为历史上的器物，能够将人们与这一时期的社会地位、性别、欲望和社会身份等联系在一起，并诠释其中的意义。从服装的性别意义到穿孔硬币背后的含义，越来越多的考古学研究开始采用不同的理论和方法论视角来探讨贴身器物。关注贴身器物和穿戴它们的人，并根据其他形式的物质文化和档案资料来研究这些小物件，就是我们的目的。

第八章

器物世界

新英格兰南部货贝[1]的器物世界

芭芭拉·希思

1 宝贝科海洋软体动物的壳，曾被南亚和非洲部分地区用作货币，故称货贝。——译者注

1802年，马萨诸塞州多切斯特镇的一位名叫撒迪厄斯·梅森·哈里斯的牧师（the Reverend Thaddeus Mason Harris）本来打算从家附近的池塘里挖一些淤泥撒在花园里施肥，但他却发现这些淤泥有点不同寻常。淤泥也同样引起了牧师孩子们的注意，“他们开始从淤泥中挖一种叫做泡泡（pawpaw）的贝壳，更准确地说就是货贝。我相信他们从淤泥中耙出来的贝壳肯定有一夸脱[1]多”。接下来的几天里，他和家人们一直都在挖贝壳，他认出了这种贝壳是“宝螺”[2]，也就是大家今天所熟知的贝币。牧师受好奇心驱使，又回到了挖淤泥的池塘，并在那里发现了更多的货贝。一位上了年纪的邻居向他解释，这个池塘以前是一条小海湾的源头。60多年前，筑坝填湾，海湾余下的水就

1　1美制干量夸脱≈1.10升。——编者注

2　现在归类为黄宝螺。——原书注

流入了多切斯特平原。多切斯特平原是一片广阔的潮沼，分割开了牧师居住的地方和波士顿这座港口城市。但是他认为这些沉积物跟海洋没有关系，再说当时海湾与海相通时，也仅能容下一条小船通过。他给美国艺术与科学院写的信中给出的看法是：“我不能接受这些宝螺是在这个池塘里土生土长的说法，但又想不明白它们是怎么运到这儿来的。”后来，这封信由美国艺术与科学院发表出来，他在信的结尾处补充了下列有用的资料：

我认为，只有当这种贝壳凸起的部分破损或磨平了时，人们才把它叫做泡泡，这种贝壳可能是我们国家的黑人做游戏时用的，而这种游戏也许是从他们自己国家传过来的。在非洲和东印度群岛的人们把这种贝类当作货币流通，将其称为宝螺。据说每年马尔代夫群岛的人们会出于商业目的大量采集这种贝类，并将其出口到非洲、孟加拉、暹罗等地。

哈里斯发表了自己的发现后，便作为民间科学家跻身于国际自然历史研究者的行列。16世纪，随着全球探险和贸易的兴起，欧洲水手开始将大量异域风情的贝壳从东、西印度群岛以及非洲沿海地区运回欧洲，欧洲的富人们纷纷购买收藏这些贝壳，摆到自己的奇珍柜上。17世纪，科学界人士开始收集动植物样本，整理后对其进行描述分类。到17世纪末，对贝类的研究不仅发展为独立的兴趣领域，而且延伸到了18世纪，这跟当时欧洲和美洲殖民地受过教育的领导人当中蔓延着的对科学的狂热分不开。后来，学者们开创了对软体动物或称为“贝类学”的系统研究，促进了该学科知识的交流，并出版了几册有影响力的图书。因为贝类的稀缺性和美感，人们也将其视若珍宝，通过大西洋贸易航线上的收藏家、商人以及自然历史学家进行交易。

哈里斯的报告就是关于贝类的一些科学探讨。尽管他误认为宝螺可能是马萨诸塞州沿海地区的贝类，但他简短的报告对贝壳学研究做出了重要贡献。哈里斯不仅明确了所发现的贝类物种，还将贝类的用途与非洲人称为的“泡泡”相关联，也提及了宝螺起初作为一种贸易货物的价值，引起了人们对其商业重要性的关注。从现代角度来看，哈里斯的论述使人们关于新英格兰的认知变得复杂，人们曾普遍认为历史上的新英格兰是一个以欧洲为中心、白人为主、信奉基督教的地方，但他的论述中提到了非洲，他不起眼的仓库中装着异域风情的宝贝，对东方世界的商品经济也有一定了解。总的来说，他丰富多彩的论述不仅介绍了货贝复杂的故事，也为理解18世纪晚期和19世纪新英格兰南部的器物奠定了基础，就在那里，这些小贝壳曾经发挥了至关重要的作用。

在过去的30年里，学者们已经从理论上阐述了人类和人类所构建的社会离不开器物。广义上来说，器物的定义是“由人类制造或使用的实物”，是某种稳定且耐用的物体。人们以各种各样的方式使用器物，并根据器物不同的物理特性和使用情境为其赋予意义。例如，人们认为金属纽扣是常见的衣服扣，骨制扣则廉价不够时髦，而银纽扣则价格不菲令人心生向往。

然而，在不同的社会群体和社会背景下，同样一枚金属纽扣可能有着不一样的价值意义。由于其反映的特征和形态，可能成为唤起精神世界的媒介，甚至会因其生产年代或与某位名人的联系，或因其成分质量，而变成用来收藏展览的宝贝。因此，器物可能拥有并能够传达多种意义。这些意义不仅取决于其固有的特征，还取决于其使用者、存在的社会环境和使用寿命。无论是器物因磨损、用途变化以及时间的影响所造成的形态上的改变，还是因某个器物与一同发现的其他器物有着某种联系，我们都能从中发现器物不断积累下来的使用过的痕迹。我们可以基于器物的物质特征及其相关物品，基于文字记载和使用者的记忆中的由器物构建的社会关系推测出器物所具有的恒定或流动的意义。因此可以说，器物也有自己的历史和社交生活，通过研究器物的使用背景、迁移的轨迹及文字记载，我们可以了解过去人类的行为。由于人们使用物品势必与物品所在的社会和历史环境有关，那么人与物之间的关联就创造了器物的世界。器物世界形成于特定历史时刻下人与物之间既和谐又对立的关系，也参与塑造人类的世界。

本章中，我会重现一些器物的社会史，一些本源自自然，却与全球及美国历史深深地纠缠在一起的器物——来自印度洋-太平洋地区的两个腹足类物种——黄宝螺（*Monetaria moneta*）及金环宝螺（*Monetaria annulus*）。我和哈里斯牧师一样，通常将其简称为“宝螺”或“钱贝”。我将首先大致描述它们的特征和原生地，并简短追溯18世纪前它们的历史。其次，我还会讲述这些贝壳对跨大西洋奴隶贸易的重要性，以及跨大西洋奴隶贸易对新英格兰的价值和意义。在此框架下，我通过研究18世纪中叶到20世纪初宝螺在新英格兰南部经历的不断变化的社会背景、用途和价值，探讨其在全球和地区贸易中的作用；宝螺在宗教领域作为仪式器物，将非洲人与其精神世界、非洲人与非洲人相连接；宝螺在世俗生活中充当男性赌博和女性装饰的器物；同时人们也通过宝螺，将个人的过去和集体的历史相联系，用宝螺唤起对往事的回忆。

大西洋世界的货贝

要了解货贝的社会用途，首先必须探索其自然特征。黄宝螺的体型非常小，长度从10毫米到40毫米不等，平均为23毫米。它们原产于印度洋和太平洋，遍布于东非到东南亚、澳大利亚北部到巴拿马西部的浅滩珊瑚礁上。在现代世界初期，人们珍惜小型贝壳。大多数流通中的黄宝螺都是在马尔代夫群岛采集的。由于气候条件，马尔代夫群岛上的黄宝螺体型明显较小。这些黄宝螺通常呈三角形或椭圆形，表面光滑，腹部有明显的牙齿。贝壳通常在柱状胼胝上有突起，柱状胼胝是背部边缘周围一个很厚的部分，位于背部后侧，有时也在腹部。（图8-1）金环宝螺属于黄宝螺，该物种仅向东分布至萨摩亚和库克群岛。与黄宝螺凹凸不平的纹理相反，金环宝螺光

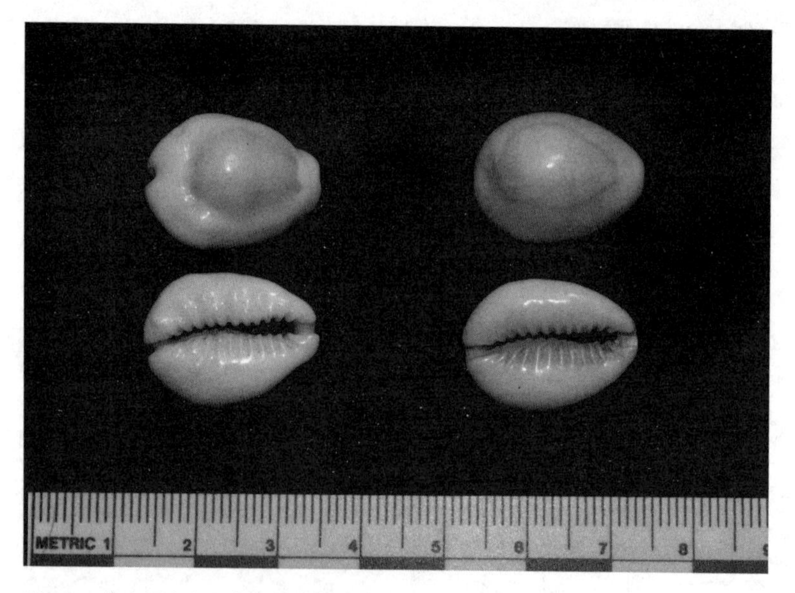

图8-1　黄宝螺和金环宝螺。作者供图

滑且呈卵圆形，背部通常呈灰色或紫蓝色且有一圈金黄色的环纹。金环宝螺的腹侧呈凹形，牙齿不如黄宝螺突出。随着贝壳的老化和风化，背部的颜色会逐渐褪色。金环宝螺的尺寸比较固定，通常在24毫米左右，平均尺寸略大于黄宝螺。

数千年来，宝螺因颜色上乘，手感平滑，大小适中，或许最关键的是因为人们会将其腹部形状想象成眼睛、嘴巴或外阴，所以宝螺在亚洲、北非和欧洲一直被当作祭祀用品，并在亚洲部分地区用作货币。公元第一个千年的末期，宝螺通过跨撒哈拉贸易被引入苏丹西部，并在那里成为货币。14世纪，宝螺作为货币在马里帝国流通；16世纪初，通过与葡萄牙人的贸易，宝螺在贝宁王国获得了货币价值。宝螺的流通早于1500年，它从马尔代夫和东非沿海地区通过西欧转运港流通到西非和中非，并作为流通货币在跨大西洋奴隶贸易中使用。这一段流通过程以及它们在非洲社会中的非货币用途和意义在其他地方有过深入的描述。

现在对宝螺的研究大都聚焦于它们在跨大西洋奴隶贸易中的经济作用，在西非占卜和祭祀的作用，象征财富、生育、富足和权力的作用，还有作为沟通媒介的作用。学者们探索的主要方面为宝螺在旧大陆的货币价值、宝螺的特定交易网络及其意义产生的方式。但很少有人会关注在跨大西洋奴隶贸易和之后的全球贸易中，宝螺在美洲作为流通商品的意义，以及其在美洲大陆特定历史文化背景下的用途和价值。然而，在17世纪末到20世纪初的考古学背景下，不仅在马萨诸塞州到佛罗里达州的东海岸、整个加勒比海，还有在南方高地以及整个大平原地区都发现了印度洋－太平洋宝螺。显然，宝螺在美洲大陆的社会经济关系中发挥了一定作用。此外，我还考察了宝螺在弗吉尼亚州和大平原的分布和意义。此书中，我将主要分析宝螺在美洲东北部的作用。

新英格兰东南部的货贝

一开始，新英格兰东南部的经济就以海上贸易为主。自1630年波士顿建成后，就逐渐发展成为该地区最大的城市中心和港口，并成为马萨诸塞湾公司和后来的马萨诸塞州政府的所在地。在它的南边，罗德岛州的纽波特于1639年建成。到18世纪前，波士顿已成为英国在北美大陆殖民地中的主要海港城市之一。许多其他沿海城市也都成了造船、地区和国际贸易（包括奴隶贸易）的重要中心，其中包括新罕布什尔州的朴茨茅斯，马萨诸塞州的马布尔黑德、纽伯里波特和塞勒姆，康涅狄格州的哈特福德、纽黑文和新伦敦，罗德岛州的布里斯托尔、普罗维登斯和沃伦。

对美国东北地区的宝螺的系统研究也才刚刚开始。18世纪至20世纪，新英格兰东南部的考古遗址中发现了来自加勒比海和大西洋的黄宝螺、金环宝螺，以及一些其他种类的宝螺和小型腹足动物。因为许多有关贝类的信息还埋没在尚未发表的科学文献当中，贝类也由此遭到人们遗忘，所以目前宝螺的用途尚不明确。[1]我在此处的概述应该被视为一个开端。印度洋－太平洋的宝螺至少与波士顿6处、多切斯特1处、马萨诸塞州南塔基特以及罗德岛州的纽波特各1处的考古遗址或历史背景有关（表8-1）。由于那些发现大量宝螺的

1　后来发现的宝螺大都通过社会媒介得以发表，这是由于学界和大众对美国东北地区非洲人的历史产生了浓厚的兴趣。—— 原书注

城市环境变化较大，而且大多数城市遗址的试掘规模相对较小，因此很难确定这些宝螺存在的具体时间。

表8-1　在马萨诸塞州和罗德岛州考古发现的宝螺

遗址	地区	物种	数量
非洲会议楼	马萨诸塞州，波士顿	黄宝螺	1
波士顿拉丁学校	马萨诸塞州，波士顿	黄宝螺	4
波士顿拉丁学校	马萨诸塞州，波士顿	不明	2
克拉夫故居	马萨诸塞州，波士顿	金环宝螺	1
女子工业学校	马萨诸塞州，多切斯特	黄宝螺	1
磨坊池塘	马萨诸塞州，波士顿	黄宝螺	1
皮尔斯－希奇伯恩之家	马萨诸塞州，波士顿	金环宝螺	5+
里维尔故居	马萨诸塞州，波士顿	黄宝螺	1
里维尔故居	马萨诸塞州，波士顿	不明	2
塞内卡·波士顿－佛罗伦萨·希根波坦故居	马萨诸塞州，南塔基特	金环宝螺?	1
万顿·莱曼·哈泽德故居	罗德岛州，纽波特	金环宝螺	1

波士顿拉丁学校成立于1635年，是美国第一所公立学校。10年后，那里建成了一所校舍和一所男教师公寓。8位男教师及其家人都一直住在公寓里，直到1810年该公寓被夷为平地。在该遗址有一处可能追溯到18世纪的沉积物，此处发现了4个黄宝螺和2个贝壳碎片。其中一个贝壳碎片可能是脱落的宝螺背部，这个碎片或许能说明在该遗址中有人曾试图修复贝壳。教师纳撒尼尔·威廉姆斯

（Nathaniel Williams）从1708年到1734年一直住在这所房子里。据悉，直到1737年去世时，他有男女奴隶各1名，这两名奴隶很可能在他任职期间随他住在房子里。在165年的历史中，是否还有其他奴隶居住在那里尚不明确。

磨坊池塘是波士顿西北侧的一个潮汐汊道，17世纪40年代，那里修建了水坝，为各大磨坊以及后来的朗姆酒厂提供动力。尽管过去池塘里一直堆着垃圾，但在1807年，波士顿磨坊池塘公司为扩张城市土地，开始人为填埋池塘。到1828年，池塘被完全填满。该遗址中发现的一个黄宝螺可能是在18世纪最后10年中沉积的，那时大规模的人为填埋还未开始。

里维尔故居则因其与独立战争英雄兼工匠保罗·里维尔（Paul Revere）有关而闻名，该处自17世纪40年代到20世纪初一直都有人居住。考古人员在该遗址的表土层中发现了一个黄宝螺，还有一个种类不明的宝螺，它们和18世纪末至19世纪中期的一组家庭艺术品一起埋在一个蓄水池的填土中。此处还有一座约建于1835年的建筑，考古人员在其地下室的填土中还发现了另一个种类不明的宝螺。

皮尔斯-希奇伯恩（Pierce-Hichborn）故居建于1711年左右，位于里维尔故居附近，该处有一段时间归保罗·里维尔的一位表亲所有。那里已经挖出了不下5个金环宝螺，最终数量有待实验室对现场收集的文物进行整理之后才能确定。附近的克拉夫故居也发现了一个金环宝螺，该处属于瓦工埃比尼泽·克拉夫（Ebenezer Clough），约于1711年至1715年建成，并一直使用到20世纪。里维尔故居、皮尔斯-希奇伯恩故居和克拉夫故居最初均为富贵人家所有，19世纪，随着附近的街坊逐渐变成了工人阶级，这些房子也变成了多户公寓。

非洲会议楼建于1806年，是波士顿自由黑人重要的宗教中心和社区中心。考古人员在一条19世纪上半叶某时为邻近建筑而修建的施工沟中，发现了一个不知是遗失还是丢弃的黄宝螺。该沟渠建于1854年，连接着教堂的施工沟，有可能已经重新填入了早期地貌的土。

1859年，多切斯特开办了女子工业学校，为成为孤儿的女孩和其他生活贫困的女孩提供培训和道德引导。在该遗址中，考古人员从一个堆满19世纪60年代至70年代艺术品的茅草房里发现了一只黄宝螺。在南塔基特岛塞内卡·波士顿－佛罗伦萨·希根波坦（Seneca Boston－Florence Higgenbotham，非洲裔美国人）故居的院子里，也挖出了一个疑似是金环宝螺的贝壳。最后，考古人员在罗德岛州的纽波特，万顿－莱曼－哈泽德（Wanton－Lyman－Hazard）故居阁楼的地板下发现了一个金环宝螺。有人认为它是在18世纪中后期被放在那里的。

虽然当前的贝壳样本较少，但有明确的证据表明从18世纪到19世纪末或20世纪初，各个种族以及经济阶层都拥有宝螺。通过越来越多的考古证据，结合特定地区的文献和更宏观的历史叙事，我们可以开始拼凑18世纪和19世纪新英格兰东南部的器物世界中贝壳的各种价值意义。历史上，奴隶贸易组成了包括非洲、亚洲以及北欧的跨洋贸易网络，而在东海岸发现的大多数宝螺都与奴隶贸易及其造成的影响有关，所以我们将从这方面着手论述。

新英格兰的奴隶制和奴隶贸易

第一批非洲奴隶可能于1638年乘坐来自马萨诸塞州塞勒姆的商船，经西印度群岛抵达波士顿。在17世纪剩下的时间内，美国新英格兰地区的波士顿作为主要港口城市，只有较少的奴隶在此登陆。从1700年到1770年，大约每4个抵达新英格兰的奴隶中，就有一个是从加勒比海地区的英国殖民地转运而来，其余多数则是直接从非洲运来。自18世纪起，奴隶贩子每10年向该地区运送至少1200名奴隶。在18世纪上半叶后期运送的奴隶人数达到了顶峰，此后该数量开始逐渐减少。到18世纪70年代，该地区几乎完全终止了非洲人口买卖。[1]

不过有关被贩卖到新英格兰的非洲人原居地的信息寥寥无几。1678年至1802年直接从非洲抵达该地区的58艘船只信息都记录在了跨大西洋奴隶贸易数据库中，从中可以发现几乎所有的奴隶都在罗德岛州或马萨诸塞州下船。[2]这些船只共运来了2188名奴隶，其中半数以上都是奴隶贩子在黄金海岸买来的。这些非洲人中大约五分之一的人来自塞内冈比亚，其余的则是由奴隶贩子在向风海岸、塞拉利昂和马达加斯加购买的。18世纪20年代和30年代是马萨诸塞州从西印度群岛进口奴隶的高峰时期，大部分奴隶贸易集中在巴巴多斯。据历史学家罗伯特·德斯罗切尔斯（Robert Desrochers）估计，此期间在《波士顿公报》（*The Boston Gazette*）上刊登广告出售的新进口奴隶中有40%—70%来自加勒比地区。如果这些向美国北部运送的奴隶符合这一时期进口到巴巴多斯的奴隶

---

1 皮尔森和欧莫利都指出通往新英格兰的奴隶贸易在美国独立战争期间结束，但跨大西洋奴隶贸易数据库资料显示，“老鹰”号分别于1801年和1802年两次从黄金海岸运送奴隶去往罗德岛州（据编号为36750和36760的记录）。——原书注

2 其中32人到了罗德岛州，24人到了马萨诸塞州，1人到了新罕布什尔州。——原书注

的总体趋势，那么他们的原居地信息就无可置疑。我们可以断定新运来的奴隶促成了马萨诸塞州奴隶人口的种族多样性，他们中有大量人口来自比夫拉湾、贝宁湾和中非洲西部地区。尽管总体人数少，但大多数非洲人及其后裔都生活在沿海城市，并主要集中在河谷和罗德岛州东南部，18 世纪在这些地方经营着许多种植园。

从非洲进口奴隶的数量从未超过美国总人口的3%，这一事实掩盖了奴隶贸易对新英格兰沿海经济和区域文化造成的深远影响。在波士顿和纽波特的主要港口以及其他较小的港口中心[1]，商人们在跨大西洋和加勒比地区的奴隶贸易中投入了大量资金。即使波士顿和其他港口城市居住着富人、投资者和船舶官员，但也有大量的城市人口以奴隶贸易为生，并因此推动了奴隶贸易的发展。奴隶商人雇用造船工人、绳索工人和帆匠建造并维护船只。商人们还雇用码头工人来装卸货物，并雇用船长和船员来管理工人。酿酒商与加勒比海地区种植园殖民地进行交易，把糖蜜换成朗姆酒，然后将其运往西非换取奴隶。整个地区，特别是罗德岛州南部种植园的农民收割谷物、制备乳品、饲养牲畜、腌制和包装肉类，都是为了供给商船，将它们送往以糖业为主的殖民地和西非。沿海渔民捕捞、风干腌制大西洋鳕鱼、鲭鱼和鲱鱼，并出售给东南部和加勒比地区的奴隶劳工作食物。

18 世纪后期，由于新英格兰地区各州开始废除奴隶制，以及

1　这些小港口中心包括马萨诸塞州的查尔斯镇、马布尔黑德、纽伯里波特、塞勒姆、基特利（现在归缅因州）；新罕布什尔州的朴茨茅斯（或皮斯卡塔夸）；康涅狄格州的哈特福德港、纽黑文、新伦敦；罗德岛州的布里斯托尔、普罗维登斯和沃伦。——原书注

1808年美国停止了非洲黑奴的合法输入，面向亚洲的贸易和现有的渔业和捕鲸业随之开始蓬勃发展，不过仍有一些美国北方商人还在从事奴隶贸易。1810年至1860年，尽管国际社会努力结束黑奴贸易，但7艘来自波士顿、3艘来自马萨诸塞州新贝德福德和2艘来自罗德岛州布里斯托尔的船只，仍将 5000 多名非洲人运送到了加勒比海地区和巴西。

流通中的货贝

在全球商业蓬勃发展，黑人奴隶遭受苦难的背景下，新英格兰东南部出现货贝的可能性就很明显了。哈里斯牧师在淤泥沉积物中意外发现的贝壳可能来自波士顿港，那里的船只从欧洲进口大量货物，定期进出于港口，并将货物出口到加勒比海地区和非洲海岸，用于奴隶贸易。由于目前还没有相关信息对运往各个港口的贝壳数量进行系统研究，因此我们必须充分考究轶事证据。1734年1月，塞缪尔·罗德斯船长（Captain Samuel Rhodes）从波士顿航行到非洲的圣尤斯特歇斯。他的各类货物中包括“鱼、蜡烛、马德拉白葡萄酒、鞋子、桌子、银器、猪肉、油、木棍、砖、铅、黄铜、钢、铁、白蜡、珠子……火枪和纺织品”，“货贝”也在其中。他将这些货物卖掉，换来朗姆酒和“纺织品”，在冈比亚进行贸易。尽管货贝的数量并未明确，但人们通常都以英担为计量单位（1英担约为112磅，50.8千克），将货贝装在包裹、木桶、木箱或者大号木桶当中，当然有的容器也并未装满，大概能有四分之一英担，也就是28英镑左右。据估算，每磅约有200—400枚贝壳，他们从非洲至少携带了5600—11200 枚宝螺，且很可能比这个数量还要多几千枚。1795年

11月25日，《哥伦比亚岗哨报》（*The Columbian Centinel*）登了广告，对在波士顿的福斯特码头处销售“大量适合西印度和非洲市场的货贝”进行了宣传。10年后，广告称在波士顿的6号印度码头销售“几千英担的货贝”，相当于至少近9000万黄宝螺或约4500万的金环宝螺。

货贝是新英格兰商业活动中不可或缺的一部分，以至于诗人兼哲学家拉尔夫·沃尔多·爱默生（Ralph Waldo Emerson）在1860年首次出版的散文集中也提到了一桶桶货贝抵达新贝德福德沿海港口的情景。在18世纪下半叶前期，波士顿的奴隶贸易达到顶峰，大量的货贝运抵波士顿和纽波特。大多数货贝通过美国人的船只运往加勒比海地区，或直接运往非洲。毋庸置疑，有些货贝进入了新英格兰沿海港口城镇的贸易流通中，有的货贝则可能在港口及其周围掉落或被人遗弃。虽然我们无法了解哈里斯牧师发现的货贝是如何沉积在多切斯特的池塘中，但经推测，这些货贝可能是与波士顿港挖出的沉积物一起运来的，或是随着村庄扩张，从浅滩处挖来淤泥用来填铺沼泽变为耕地时来的。就像在磨坊池塘那里一样，丢弃的货贝填入了土石方之中，而实际上土石方填埋的过程也改变了这座城市的景观，使波士顿从17世纪狭窄的半岛，转变为18世纪和19世纪晚期的大片土地。

哈里斯在挖淤泥的池塘中发现了大量宝螺，而这些宝螺的背部已被磨平，这也使这些贝壳成为了“泡泡”。在该地区考古发现了至少4颗穿孔的货贝。从历史上看，非洲人赋予了宝螺价值，并大量使用宝螺进行贸易，宝螺要么是装在袋子里，要么是穿在绳子上来流通。非洲人在穿线之前，通过切割、凿取或研磨贝壳背侧来打出一个开口，然后再将其串起来。18 世纪的“泡泡”可能就起源于这种做法。

货贝与精神性

除了将货贝串起来当作货币外，有的人还将货贝穿戴在身上，有的人将货贝用于建筑设计，还有的人将货贝用于宗教器物和仪式中。我们在一系列器物中发现了宝螺曾用于宗教仪式的证据，其中包括在罗德岛州纽波特万顿·莱曼·哈泽德故居中发现的穿孔金环宝螺。和宝螺一同发现的还有破碎的窗户玻璃、玻璃珠、中国瓷器碎片、木制纽扣、黄铜纽脚、精制玫瑰圆花钉、蛋壳、圆柱销、不明贝壳碎片以及一条绳索。这条绳索缠绕着一块蓝白格相间的织布，该布料应该是由当地生产并可以追溯到18世纪中后期。在附近还发现了啮齿动物的骨头、玉米芯、桃核以及木材和石膏的碎片。这组器物可以被理解为一种叫做“恩基希”（*nkisi*）的巫术偶像，即一组赋有神灵力量的器物，其来源可以追溯到刚果地区用来操控并保护灵识的器物，应该为居住在此的奴隶所有。如果理解无误，放置那组器物的阁楼是以前黑奴睡觉的地方。这就说明被迫与白人主人同居的黑人们为了反抗这种令人压抑的近距离相处，抵御白人对他们肉体与心灵的控制，从而采取了一定的策略。

如果罗德岛州的金环宝螺与起源于刚果盆地的宗教活动有关，那么根据马萨诸塞州的记录，货贝与从贝宁湾运往新英格兰的奴隶之间存在某种关联。至少早在18世纪中叶，人们就开始使用“泡泡”一词来描述货贝并使用货贝进行赌博活动。《大选日：波士顿见闻》（*A Description of an Election Day, As Observed in Boston*）是一首写于1760年左右的诗歌。该诗讽刺了炮兵节当天活动者的行为。直到1831年前，一年一度的炮兵节都是波士顿5月底的一个流行节日。诗歌中写道："位高权贵者，贫贱下民，还有富人和穷人；原住民家的女子，还有黑人，怎么都有几十人；他们聚集在波士顿公园"，"他们整天坐在那里喝酒，骂人，唱歌，玩'泡泡'，跳舞，醉醺醺臭呼呼，那是酒鬼们的乐园。"后来关于该节日的记录中，讲了黑人男孩威廉·里德（William Read）的事。1817年，就是因为人们不让他去参加这个节日，不让他去摇"泡泡"，他竟炸毁了一艘停在波士顿港的船。还有一段记录，讲的是波士顿的非洲裔美国居民去购物中心和广场，"与最要好的同伴一起购买姜饼和啤酒，徜徉在'泡泡'带来的美妙中"。

现存有关非洲人及其后裔用货贝赌博的记载都来自受过教育的波士顿白人，他们带着高傲和居高临下的态度记录了这些事件。包括哈里斯在内的一些白人观察者讲述的都是赌博或"玩泡泡"，还有一些人则描述了黑人摇货贝占卜的"神秘性"。根据这些资料，历史学家威廉·皮尔森（William Piersen）认为这种游戏来自于从波波王国的港口运送到波士顿的非洲人，刚开始时是用来占卜的。

波波王国（the Popo Kingdom）位于如今的多哥沿海，由大波波、小波波和阿古组成，位于贝宁湾西岸。17世纪末和18世纪，该地区发生的战争提供了稳定的奴隶来源。这些奴隶被卖给跨大西洋的商人，而这些被迫跨越大西洋的奴隶则被称为"波波"和"泡泡"。在人口已然稠密的城市景观中，有着不同宗教信仰和习俗的人们因战争和身不由己的迁徙而有了频繁接触。来自达荷美王国的巫毒教（Vodun）和来自约鲁巴人的奥约帝国的伊法教（Ifá），以及葡萄牙人引入的天主教共同塑造了该地区的信仰和惯例。巫毒教和伊法教都基于对至高无上的力量或造物主的信仰，而造物主则由数百名神灵服侍，这些神灵被丰族人称为罗瓦（lwa），被信伊法教的约鲁巴人称为奥里莎斯（orishas）。每一种被人性化了的自然力量都与特定的故事、地点、器物、颜色和做法相关联。这些宇宙观和宗教信仰都在大西洋贩卖黑奴的中央航线上得以延续，并与西非、欧洲和北美其他地区的信仰体系重新结合。在19世纪的加勒比海和巴西，这些共同的信仰都纳入了海地巫毒教、古巴的萨泰里阿教（Santería）以及巴西的坎东布雷教（Candomblé），上述这些宗教延续至今。

占卜曾经是且仍然是一种被人们广为实践的知识获取和交流体系。占卜使用动物和器物作为人类与精神世界之间沟通的媒介。通过在设置好的占卜程序中操纵器物，占卜者与客户跨越空间互动，来回答问题或解读“神秘的隐喻信息”。在约鲁巴人和邻近的族群中，占卜者会抛掷16个棕榈坚果或宝螺，或者用8条由半粒种子壳穿起的链子来和奥里莎斯交流。占卜师会通过器物的位置组合，即器物所代表的数字——器物停下时指向的数字和解释这些数字的卦辞——回答求卜人的问题。这些数字有3个基本特征。第一，由4个器物构成核心图案，以待占卜师解读；第二，组内的每个器物都可以有两种不同的形式；第三，每抛一次产生的数字序列具有一定意义。

伊法占卜是通过抛掷16个宝螺或坚果，针对特定的神灵，由占卜师在仪式现场进行操作。约鲁巴人也使用奥比占卜（Obi divination），任何信徒都可以操作，但因为没有卦辞来帮助释义，奥比占卜有一定局限。到了美洲新世界，神灵的数量和与之交流的占卜系统都发生了变化。新环境下奴隶们继续寻找着适合他们的灵力指引，放弃那些不合适的占卜方式。发生在美洲大陆的新占卜实践就包括了奥比占卜。要用4个椰子片或宝螺与奥里莎斯交流，这与人们说的玩“泡泡”游戏时用到的宝螺数目一致。旧大陆的奥里莎斯中有一位叫做尚戈（Shango）的神也被带到了新世界。尚戈是猎人、渔夫和战士的守护神，也是一个与拈花惹草、酗酒、“挑战和胆量”、音乐、鼓声、雷电以及数字“4”和“6”相关的神。虽然从现在有限的证据中无法得知在波士顿公园中使用宝螺占卜的黑人是否专门与这位神交流，但把这些结合起来看,（占卜盛行的）贝宁湾人、（常常作为占卜媒介的）宝螺、抛掷宝螺的做法、抛宝螺的数量以及场合——通常是生活在波士顿的非洲人饮酒奏乐的民间节日——这些都统统表明，西非人表面是在玩“泡泡”，其实是在公开地与神灵接触。后来赌博中使用的背侧有红色封蜡填充的宝螺，可能也是源自玩泡泡时的做法，而红与白的颜色组合也和神灵尚戈有很强的关联。

宝螺与赌博

如果说神灵尚戈已经不在，但与尚戈相关的活动仍然在后代抛掷宝螺的活动中保存下来，尽管抛掷宝螺的意图已经不同。18世纪末或19世纪早期的某个时间，新英格兰白人搬用了这种占卜方式来进行赌博，重新诠释了玩法。到那时泡泡也就成了“赌具”。19世纪早期，用宝螺赌博开始在男性中流行。在波士顿和马萨诸塞东部沿海社区的船上、街道、小巷、码头和酒馆里，无论老少，白人男性都在偷偷用宝螺赌博。罗伯特·斯特恩（Robert Stearn）在考察这种赌博起源的过程中，将这种赌博描述为用4个塞蜡的金环宝螺当骰子用。（图8-2）

人们在手心里摇晃这些“赌具”，稍稍扭动手腕后将其抛出或掷下，使其散开。掷螺时，如果宝螺两面朝上，两面朝下，即二对二，就记做“1”——这种形式叫“尼克”。如果四面都朝同一个方向，就记做“4”，叫做“布劳纳”。如果“赌具”落下后，其中一个的朝向与其他三个不一样，就叫做“出局”，“赌具”会轮至下一个玩家。在摇到“出局”前，这些赌具将一直留在同一个玩家手上。赌局开始前，玩家已规定好获胜的点数……

图8-2　制作“赌具”。斯特恩供图

但无耻的赌徒可能会对“赌具”做手脚，他们会在宝螺封蜡下面涂上一层铅，这样可以确保预测每一次抛掷的结果。19世纪30年代至50年代，新闻报纸和其他文件记载了大批因“赌具”而被捕、罚款和监禁的赌徒。与一件臭名昭著的谋杀案有关的嫌疑犯口袋里就有一套用于出千的“赌具”。这个时期，社会改革家将宝螺赌博与酗酒、亵渎、放荡、堕落和穷困画上等号，认为这种赌博腐化了男孩和曾经可敬的青年人。若在周日设赌局则格外令人反感。据其中一份报道记载，19世纪20年代，人们发现一群银行职员和保险职员在赫尔的沿海社区赌博。“这种不良风气的蔓延，真是令人面红耳赤又怒火中烧，他们的模样真是令人厌恶……当时看来，这件事就是整个季节发生的最不幸的事件之一。”

到了19世纪30年代，在烟雾缭绕的赌场里，“摇赌具”与轮盘赌、十柱保龄球、台球、法罗牌和其他纸牌和骰子类赌博一样，成了一种当红的消遣方式。同时，赌博的器具也逐渐规范起来。人们开始将宝螺扔在铺着绿色粗呢布的长桌上，而这正是现代赌场中双骰赌桌的前身。整个19世纪50年代，这项赌博在马萨诸塞州都很流行，不过不久之后就过时了。

人们之所以弃置这种赌博，至少有一部分是由于女性采取的行动。她们积极倡导的禁酒运动在19世纪影响了整个新英格兰。同时，禁酒运动也将矛头对准了与之关联的败坏行为——卖淫与赌博。19世纪20年代至50年代，报纸上所有关于赌具的报道基调都与之相符，认为赌博是一种道德败坏的行为。不过，至于为何1860年后对此报道的数量开始减少，我们还需进一步研究，但这一切应归因于社会重心的变化以及有组织赌博的结构变化，甚至连电影胶片和象牙质材料之类的合成物的发明也是一项综合因素，它们促成了骰子的量产。

19世纪下半叶，大众化的游戏也在市场上占有一席之地。19世纪30年代，在马萨诸塞州的塞勒姆，一位牧师的女儿发明了美国最早的棋盘游戏，这款注重家庭道德教育的游戏于1843年正式发行。孩子们在棋盘游戏中解决难题，避免在人生路上犯下罪孽。这款游戏使用旋转球或四方陀螺作为道具，避免了使用与赌博有关的骰子或货贝。随着大众化游戏浪潮袭来，货贝也迎来转型，它逐渐从罪恶的赌具变为供孩子娱乐的家用玩具。1893年，在哥伦比亚游戏博览会上，宝螺的身影随处可见，诸如印度双骰游戏（Pachisi）和一款名为《疯狂的游戏》的叙利亚版非洲棋，在骰子和拐骨旁边就陈列着概率性游戏。到了20世纪初期，博彩公司开始把印有标签的宝螺装在袋子里或纸盒中当作代币或纸牌游戏计分用。19世纪与20世纪之交时编纂的一份对消遣方式的介绍中描述了这样一款游戏。在游戏中参赛者要正确猜出各式各样器物的特征，例如一个袋子里有多少个宝螺，一块石头有多重，或者一根绳子有多长。再后来，这些宝螺在家中随处可见，成为老少皆宜的手边玩物。

货贝与家庭生活

包括货贝在内，贝类不仅与家庭生活有关，同时也与文化水平和中产阶级的社会地位相联系，这种联系主要体现在白人女性对贝壳的收藏，以及女性对贝类工艺品独特的艺术创作上。（图8-3）18世纪，贝壳工艺被纳入刺绣、涂漆等手工艺的行列，成为上流社会女性的一项理想技能。当男人用贝壳创造精美的建筑元素并将其展示时，女性已成为家用贝壳制品的主要生产者和消费者。就复杂程度和成本等一系列因素而言，无论是使用当地或异域贝壳制成的精美独立式插花，还是少数贵族女性在自己的英国庄园里使用精美绝伦且价格不菲的贝类室内装饰，例如贴满贝壳的墙壁和天花板，以及纯粹用贝壳制成的小屋和人工洞室，这些都能体现女性贝壳工艺品形式的多样性。

从新英格兰殖民时代至19世纪期间，富家少女都会在私立学校

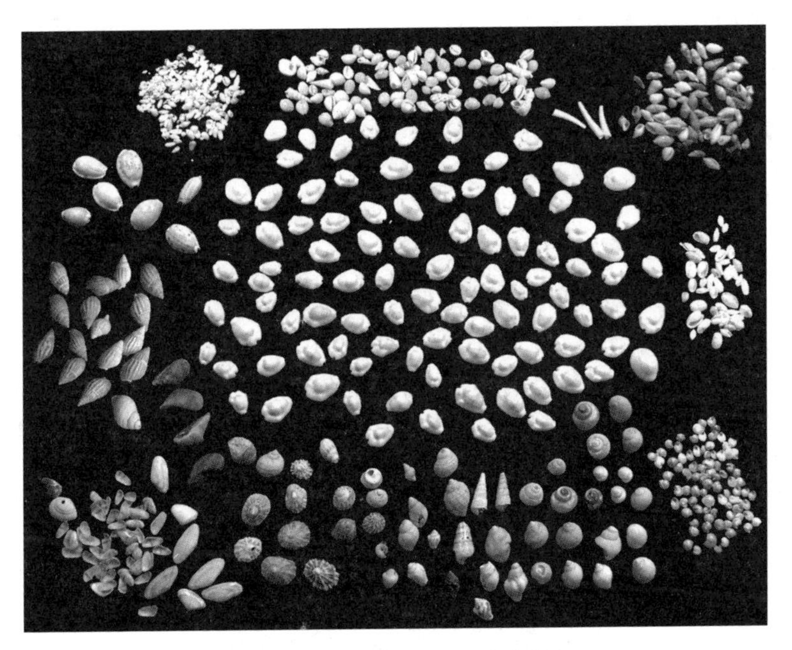

图8-3　用于制作贝壳工艺品的各种贝壳。图源：本篇文章

和家庭教师处学习制作贝壳工艺品。与此同时，家庭教师还教她们刺绣、编织、花边制作、玻璃绘画、蜡像制作和金银丝饰品制作等技艺。

人们之所以希望年轻女子学习制作手工艺品，部分原因是希望“她们能以一种相当惬意的方式，填满必须在家里度过的孤独时日”。从表面上来看是家务成就，但贝类工艺品也为女性踏足科学领域打开了方便的大门，让她们不仅有机会观察、收集并加工当地海滩上的软体水产，还可以在商贩那里识别和寻找稀有的贝壳品种。妇女将远洋生物标本组合在一起，修剪抛光，布线打蜡，按照每一件工艺品的大小、颜色和物种将它们分门别类地粘在一起。她们习惯了接触自然世界，并成功地将异国风情与生活日常相结合。

在19世纪，人们依旧认为贝壳手工艺是“一份客厅里的优雅工作”，但到了19世纪中叶，这一工作跌落神坛，与海滨旅游业、庸俗艺术作品和其他象征中产阶级的营生挂钩。《女性的高雅艺术》（*Elegant Arts for Ladies*）的作者曾写道：“读者读到‘贝壳’这个词，可能会想到一簇簇时而艳丽、时而俗气的贝壳花。这玩意儿十分抢眼，在大多数饮水处都能见到。”与此同时，19世纪中叶，英国讽刺小说中的女主人公在怀特岛度假时，在小屋壁炉上恰巧碰到了“用油灰和玉黍螺制成的贝壳针垫、贝壳娃娃和贝壳猫。这些摆设想想倒是有趣，但它们的实际价值微乎其微”。消费者可以买到德国或法国制造的贝壳娃娃、拉丁美洲国家巴巴多斯加工的“水手的情人”，或者预先包装好的各种贝壳，来装饰镜子、盒子、玩偶屋以及小型家具。尽管黄宝螺已不是如今的潮流，但维多利亚时代遗留下来的玩偶家具、存钱罐、箱子和针垫等一系列丰富贝类工艺品就是其曾风靡一时的鲜活证明。到20世纪初期，西尔斯罗巴克公司出售的贝壳手工艺制作套箱，其中就有货贝。在美国马萨诸塞州多切斯特市女子工业学校的茅草房里，考古人员也发现了金环宝螺。这种宝螺与另外两种大西洋宝螺有关，分别是只有咖啡豆大小的泡螺虱和未经辨别的猎女神螺。总之，这些都体现了弱势年轻女性为学习贝壳工艺付出的努力，学校的女教师告诉孩子们这会为她们赢得尊重。

贝壳手工艺活动也能解释在马萨诸塞州东南沿海的南塔基特岛上的塞内卡·波士顿－佛罗伦萨·希根波坦大厦19世纪的墙面上为何会发现金环宝螺。尽管我们难以确定这些贝壳的具体年代，但它们的确与数代自由黑人的家庭生活密切相关。在19世纪新英格兰的非洲裔美国人社区，黑人女性们为了回应与反击广泛存在的反黑人种族歧视，强调家庭生活是重要和值得尊敬的。玛丽·安·波士顿（Mary Ann Boston）是这所房子的主人，她是一所有色人种自由儿童义务教育学校最早的一批教师，在学校里教授女学生缝纫。贝壳可能还曾用作饰品，单独佩戴或者做成整套首饰。从俄亥俄州西南部的帕克学院——美国南北战争前一所男女同校的综合性学校，田纳西隐士宫（the Hermitage）豪宅花园和奴隶宿舍，以及19世纪到20世纪初期美国夏洛茨维尔市弗吉尼亚大学的两处有色人种居住地里，考古人员都发现了大量货贝。这些都表明尽管货贝已不再作为东部沿海贩奴贸易流通中的一环，但在黑奴贸易结束后的很长一段时间内，非洲裔美国人仍在使用货贝。除了黄宝螺和金环宝螺，在南北战争前，包括路易斯安那州的隐士宫、艾什兰-贝拉·海琳和北卡罗来纳州的本尼汉在内的种植园，以及南北战争后路易斯安那州的奥克利种植园里，考古人员都发现了更多种类的宝螺。

综上所示，对于非洲裔后人来说，这些重见天日的宝螺的意义并非是真正值多少钱，而是与他们千丝万缕的联系。除了人们所能想象到的这些作用，从广义上来说，宝螺也承载着非洲裔美国人的记忆。这种记忆是关于他们与西非在历史和精神上的联系，他们与记载并传承了这些记忆的近代先辈们的联系。

尽管南北战争后，非洲裔美国知识分子对非洲在美国社会中定义自我和公民身份时所起的历史和文化作用发起了质疑，但在20世纪初，“新黑人运动”及哈莱姆文艺复兴中的美国本土艺术家、作家以及民权活动家为了重新构建黑人身份，都纷纷将视角转向非洲主题。阿隆·道格拉斯（Aaron Douglas）、艾伦·兰德尔·弗里隆（Allan

Randall Freelon)、海尔·伍德拉夫(Hale Woodruff)三位艺术家将西非艺术的韵律、几何图形和流畅感与典型的非洲景观符号以及当代美国经验融为一体，创作出了许多颇具感染力的画作。其中，弗里隆1921年创作的《新黑人》，用非写实的手法画了一位非洲妇女，她走过被私刑处死的人的尸体，旁边还有一个镶有宝螺的非洲面具。20世纪60年代和70年代，运用来自非洲和受非洲启发的器物来构建美国社会离散者身份认同的努力，渐渐从视觉艺术、文学及音乐领域进军流行文化。当时，宝螺与肯特布(kente cloth)、玉米辫(cornrows)和长发脏辫(dreadlocks)一样，都是黑人的集体身份象征。现在的流行文化中宝螺对非洲裔美国人的身份象征仍有着深刻的意义。同时，考古学家经常利用这些现代联系来解释在东海岸考古遗址发现的贝壳，并将其视为非洲人特定地区的历史标志。然而有关18世纪至19世纪新英格兰商人、奴隶贩子、赌徒和女性使用宝螺的历史记忆，显然并不符合今日我们对这些群体的认知，与其相关的记忆大多也早已烟消云散。

结语

通过追溯18世纪末到20世纪初宝螺的用途和价值，说明了这些看似简单的自然器物一直被人们以各种方式不断赋予全新的意义。由于特定的地理和历史环境，宝螺也会被赋予具体的甚至自相矛盾的意义。工业时代早期新英格兰的器物世界是由原料和大规模的工业进程构建起来的，它们一起把黑人变成了国际海上贸易的商品；它们也通过大量的掘土和沉降泥沙工程促进城市发展，改变了波士顿及周边城镇的景观环境。这一背景下，数以百万的货贝在商人之间交易，贸易网络从东印度群岛延展至加勒比海和西非，货贝的价值就在于它们量大而质地均匀。然而，对那些生活在沿海城市的黑奴和他们的后代而言，宝螺又与文化表达和社会交流的一些习俗密切相关，这些习俗既规范又挑战了民族、种族和阶级之间的界限。每个宝螺或是少数的货贝都有各自的价值意义，它们是连接精神世界的重要媒介，也是体现中产阶级社会地位的工具，更是人们联通古今的信物。在白人男子和少年的眼中，宝螺意味着后院小巷、烟雾缭绕的酒馆和拥挤的监牢里的堕落。然而，对于富裕女子和一般家庭的女人而言，贝壳手工艺不仅帮助她们打发了家庭生活的烦闷，也以一种社会认可的业余爱好帮助她们打开了科学探索之门，还肯定了女性优异的文化水平和聪明才干。宝螺并非专属于富人或穷人，黑人或白人，男人或女人，老人或孩童，三言两语难以道尽宝螺的魅力。同时，宝螺作为一把钥匙，也带我们走进了新英格兰南部的近代器物世界。

作者简介

玛姬·M. 曹（Maggie M. Cao）是北卡罗来纳大学教堂山分校艺术与艺术史系副教授。

卢安·德库佐（Lu Ann De Cunzo）是特拉华大学人类学系教授。

芭芭拉·希思（Barbara Heath）是田纳西大学人类学系教授。

丹·希克斯（Dan Hicks）是牛津大学考古学院当代考古学教授、皮特利弗斯博物馆世界考古学策展人、圣十字学院研究员。

戴安娜·迪保罗·罗兰（Diana Dipaolo Loren）是哈佛大学皮博迪考古及民族学博物馆高级策展人。

凯西·纽兰（Cassie Newland）是巴斯斯巴大学文物与公共历史专业高级讲师。

蒂莫西·J. 斯佳丽（Timothy J. Scarlett）是美国密歇根理工大学社会科学系考古学和人类学副教授。

史蒂文·A. 沃尔顿（Steven A. Walton）是美国密歇根理工大学社会科学系历史学副教授。

卡罗琳·L. 怀特（Carolyn L. White）是内华达大学雷诺分校人类学系文物保护专业教授。

威廉·怀特（William Whyte）是牛津大学圣约翰学院社会与建筑史教授。